"十三五"职业教育国家规划教材配套教材

建筑工程技术专业精品课程配套教材

建筑工程测量实训

第 2 版

主编　李向民
参编　李巨栋　翟银凤　李海文

机 械 工 业 出 版 社

本书是"十三五"职业教育国家规划教材《建筑工程测量 第2版》的实践教学配套用书。本书根据新的教材内容和教学需要进行相应的改版，以新型测量仪器为主安排实训内容，新增了卫星定位测量等实训项目，优化了实训记录用表，更新了综合实训过程，提高了教材的先进性、实用性和可操作性，更好地为课程的实践教学服务。

本书分为三部分，第一部分是建筑工程测量课间实训，共有18个基本的测量实训项目，有详细的任务安排与指导，以及相应的测量记录与计算表；第二部分是建筑工程测量综合实训，对建筑工程测量的主要工作项目进行较完整的实训，包括小范围的控制测量、地形图测绘和建筑施工测量等；第三部分是中级测量放线工职业技能岗位资料，包括岗位标准、鉴定规范和部分技能鉴定试题及答案等，便于高职高专院校进行"双证书"教育。

本书可作为高职高专院校土建类专业测量课程的教学用书，适用于建筑工程技术、工程监理、基础工程、建筑工程管理、工程造价、城镇规划、建筑设计、园林工程技术、给水排水工程技术、城市燃气工程技术、建筑设备工程技术、建筑电气工程技术、消防工程技术等专业，也可作为中级测量放线工职业技能岗位培训参考用书。

图书在版编目（CIP）数据

建筑工程测量实训/李向民主编 . —2版 . —北京：机械工业出版社，2021.6（2024.1重印）

"十三五"职业教育国家规划教材配套教材 建筑工程技术专业精品课程配套教材

ISBN 978-7-111-68313-1

Ⅰ.①建… Ⅱ.①李… Ⅲ.①建筑测量—高等职业教育—教材 Ⅳ.①TU198

中国版本图书馆CIP数据核字（2021）第094615号

机械工业出版社（北京市百万庄大街22号 邮政编码100037）
策划编辑：王靖辉 责任编辑：王靖辉
责任校对：张亚楠 责任印制：任维东
北京中兴印刷有限公司印刷
2024年1月第2版第6次印刷
184mm×260mm·5.5印张·134千字
标准书号：ISBN 978-7-111-68313-1
定价：18.00元

电话服务 网络服务
客服电话：010-88361066 机 工 官 网：www.cmpbook.com
010-88379833 机 工 官 博：weibo.com/cmp1952
010-68326294 金 书 网：www.golden-book.com
封底无防伪标均为盗版 机工教育服务网：www.cmpedu.com

"十三五"职业教育国家规划教材配套教材

建筑工程技术专业精品课程配套教材

建筑工程测量实训

第 2 版

主编　李向民

参编　李巨栋　翟银凤　李海文

机械工业出版社

本书是"十三五"职业教育国家规划教材《建筑工程测量 第2版》的实践教学配套用书。本书根据新的教材内容和教学需要进行相应的改版，以新型测量仪器为主安排实训内容，新增了卫星定位测量等实训项目，优化了实训记录用表，更新了综合实训过程，提高了教材的先进性、实用性和可操作性，更好地为课程的实践教学服务。

本书分为三部分，第一部分是建筑工程测量课间实训，共有18个基本的测量实训项目，有详细的任务安排与指导，以及相应的测量记录与计算表；第二部分是建筑工程测量综合实训，对建筑工程测量的主要工作项目进行较完整的实训，包括小范围的控制测量、地形图测绘和建筑施工测量等；第三部分是中级测量放线工职业技能岗位资料，包括岗位标准、鉴定规范和部分技能鉴定试题及答案等，便于高职高专院校进行"双证书"教育。

本书可作为高职高专院校土建类专业测量课程的教学用书，适用于建筑工程技术、工程监理、基础工程、建筑工程管理、工程造价、城镇规划、建筑设计、园林工程技术、给水排水工程技术、城市燃气工程技术、建筑设备工程技术、建筑电气工程技术、消防工程技术等专业，也可作为中级测量放线工职业技能岗位培训参考用书。

图书在版编目（CIP）数据

建筑工程测量实训/李向民主编 . —2 版 . —北京：机械工业出版社，2021.6（2024.1 重印）

"十三五"职业教育国家规划教材配套教材　建筑工程技术专业精品课程配套教材

ISBN 978-7-111-68313-1

Ⅰ.①建…　Ⅱ.①李…　Ⅲ.①建筑测量—高等职业教育—教材　Ⅳ.①TU198

中国版本图书馆 CIP 数据核字（2021）第 094615 号

机械工业出版社（北京市百万庄大街 22 号　邮政编码 100037）
策划编辑：王靖辉　责任编辑：王靖辉
责任校对：张亚楠　责任印制：任维东
北京中兴印刷有限公司印刷
2024 年 1 月第 2 版第 6 次印刷
184mm×260mm·5.5 印张·134 千字
标准书号：ISBN 978-7-111-68313-1
定价：18.00 元

电话服务　　　　　　　　　　网络服务
客服电话：010-88361066　　机 工 官 网：www.cmpbook.com
　　　　　010-88379833　　机 工 官 博：weibo.com/cmp1952
　　　　　010-68326294　　金 书 网：www.golden-book.com
封底无防伪标均为盗版　　　机工教育服务网：www.cmpedu.com

前言
FOREWORD

　　坚持教育优先发展、科技自立自强、人才引领驱动，加快建设教育强国、科技强国、人才强国，坚持为党育人、为国育才，全面提高人才自主培养质量。"建筑工程测量"是一门实践性很强的课程，在学习过程中需要进行大量的实训，才能熟练掌握有关的知识与技能。建筑工程测量实训的项目较多，时间较长，技术较复杂，既有结合课堂教学的分项实训（如各种测量仪器的操作与使用），又有集中安排的综合实训（如建筑物的定位与放线），并且都要达到一定的精度要求，因此科学合理地进行建筑工程测量实训的安排与指导，是提高教学效果的关键。为了满足教学的需要，结合"建筑工程测量"国家级精品资源共享课的建设，我们编写了本书。

　　本书的主要内容是课间分项实训、建筑工程测量综合实训和中级测量放线工职业技能岗位相关资料，此外本书的开头介绍了"建筑工程测量实训规则"，包括测量仪器借领与使用规则、测量记录与计算规则以及测量实训规则，以便规范学生在测量实训中的行为。本书的最后附有课间实训和综合实训所需的测量记录与计算表，便于使用并可根据需要将表撕下作为成果上交。

　　推进教育数字化，建设全民终身学习的学习型社会、学习型大国。本书的内容与"建筑工程测量"国家级精品资源共享课网站一致，该网站的网址是http://www.icourses.cn/coursestatic/course 3249.html，网站具有内容丰富的网络多媒体课件和相关的教学资源，包括图文并茂的实训指导资料、主要实训项目的教学视频以及相关内容的工地测量现场录像，便于更好地学习和实训，欢迎广大读者浏览。

　　本书由广西建设职业技术学院李向民任主编，具体编写工作为：建筑工程测量实训规则和第一部分的实训一至实训六由南宁师范大学李巨栋编写，第一部分的实训七至实训十二由河南建筑职业技术学院翟银凤编写，第一部分的实训十三至实训十八由广西建设职业技术学院李海文编写，第二部分、第三部分和附表由李向民编写。

　　由于编者水平有限，书中可能存在不妥之处，恳请读者批评指正。

编　者

目 录
CONTENTS

前言
FOREWORD

　　坚持教育优先发展、科技自立自强、人才引领驱动，加快建设教育强国、科技强国、人才强国，坚持为党育人、为国育才，全面提高人才自主培养质量。"建筑工程测量"是一门实践性很强的课程，在学习过程中需要进行大量的实训，才能熟练掌握有关的知识与技能。建筑工程测量实训的项目较多，时间较长，技术较复杂，既有结合课堂教学的分项实训（如各种测量仪器的操作与使用），又有集中安排的综合实训（如建筑物的定位与放线），并且都要达到一定的精度要求，因此科学合理地进行建筑工程测量实训的安排与指导，是提高教学效果的关键。为了满足教学的需要，结合"建筑工程测量"国家级精品资源共享课的建设，我们编写了本书。

　　本书的主要内容是课间分项实训、建筑工程测量综合实训和中级测量放线工职业技能岗位相关资料，此外本书的开头介绍了"建筑工程测量实训规则"，包括测量仪器借领与使用规则、测量记录与计算规则以及测量实训规则，以便规范学生在测量实训中的行为。本书的最后附有课间实训和综合实训所需的测量记录与计算表，便于使用并可根据需要将表撕下作为成果上交。

　　推进教育数字化，建设全民终身学习的学习型社会、学习型大国。本书的内容与"建筑工程测量"国家级精品资源共享课网站一致，该网站的网址是http://www.icourses.cn/coursestatic/course 3249.html，网站具有内容丰富的网络多媒体课件和相关的教学资源，包括图文并茂的实训指导资料、主要实训项目的教学视频以及相关内容的工地测量现场录像，便于更好地学习和实训，欢迎广大读者浏览。

　　本书由广西建设职业技术学院李向民任主编，具体编写工作为：建筑工程测量实训规则和第一部分的实训一至实训六由南宁师范大学李巨栋编写，第一部分的实训七至实训十二由河南建筑职业技术学院翟银凤编写，第一部分的实训十三至实训十八由广西建设职业技术学院李海文编写，第二部分、第三部分和附表由李向民编写。

　　由于编者水平有限，书中可能存在不妥之处，恳请读者批评指正。

编　者

目录
CONTENTS

建筑工程测量实训规则

一、测量仪器工具借领与使用规则

1. 测量仪器工具借领

1）在教师指定的地点办理借领手续，以小组为单位领取仪器工具。

2）借领时应当场清点检查，实物与清单是否相符，仪器工具及其附件是否齐全，背带及提手是否牢固，脚架是否完好等。如有缺损，可以补领或更换。

3）离开借领地点之前，必须锁好仪器箱并捆扎好各种工具；搬运仪器工具时，必须轻取轻放，避免剧烈振动。

4）借出仪器工具之后，不得与其他小组擅自调换或转借。

5）实训结束，应及时收装仪器工具，送还借领处检查验收，办理归还手续。如有遗失或损坏，应写书面报告说明情况，并按有关规定给予赔偿。

2. 测量仪器使用规则

1）携带仪器时，应注意检查仪器箱盖是否关紧锁好，拉手、背带是否牢固。

2）打开仪器箱之后，要看清并记住仪器在箱中的安放位置，避免以后装箱困难。

3）从仪器箱取出仪器之前，应注意先松开制动螺旋，再用双手握住支架或基座轻轻取出仪器，放在三脚架上，一手握住仪器，一手去拧连接螺旋，最后旋紧连接螺旋使仪器与脚架连接牢固。

4）安装仪器到脚架之后，注意随即关闭仪器箱盖，防止灰尘和湿气进入箱内。仪器箱上严禁坐人。

5）人不离仪器，必须有人看护仪器，切勿将仪器靠在墙边或树上，以防跌损。

6）在野外使用仪器时，应该撑伞，严防日晒雨淋。

7）若发现透镜表面有灰尘或其他污物，应先用软毛刷轻轻拂去，再用镜头纸擦拭，严禁用手帕、粗布或其他纸张擦拭，以免损坏镜头。观测结束后应及时套好物镜盖。

8）各制动螺旋勿拧过紧，微动螺旋和脚螺旋不要旋到顶端。使用各种螺旋都应均匀用力，以免损伤螺纹。

9）转动仪器时，应先松开制动螺旋，再平稳转动。使用微动螺旋时，应先旋紧制动螺旋。动作要准确，用力不要太大，用力要均匀。

10）使用仪器时，对仪器性能尚未了解的部件，未经指导教师许可不得擅自操作。

11）仪器装箱时，要放松各制动螺旋，装入箱后先试关一次，在确认安放稳妥后，再拧紧各制动螺旋，以免仪器在箱内晃动受损，最后关箱上锁。

12）电子经纬仪、数字水准仪、全站仪、激光垂准仪和卫星定位测量仪等电子测量仪器，在更换电池时，应先关闭仪器的电源；装箱之前，也必须先关闭电源，才能装箱。

13）仪器搬站时，对于长距离或难行地段，应将仪器装箱，再进行搬站。在短距离和平坦地段，先检查连接螺旋是否拧紧，再收拢脚架，一手握基座或支架，另一手握脚架，竖直地搬移。严禁横扛仪器进行搬移。

3. 测量工具使用规则

1）水准尺、标尺和标杆禁止横向受力，以防弯曲变形。作业时，水准尺、标尺和标杆应由专人认真扶直，不准贴靠树上、墙上或电线杆上，不能磨损尺面分划和漆皮。标尺使用时还应注意接口处的正确连接，用后及时收尺。

2）测图板的使用，应注意保护板面，不得乱写乱扎，不能施以重压。

3）皮尺要严防受潮，万一受潮，应晾干后再收入尺盒内。

4）钢尺的使用，应防止扭曲、打结和折断，防止行人踩踏或车辆碾压，尽量避免尺身着水。用完钢尺，应擦净，以防生锈。

5）小件工具，如垂球、测钎、尺垫等应用完即收，防止遗失。

6）全站仪使用的反光棱镜，若发现棱镜表面有灰尘或其他污物，应先用软毛刷轻轻拂去，再用镜头纸擦拭。严禁用手帕、粗布或其他纸张擦拭，以免损坏镜面。

二、测量记录与计算规则

1）所有观测成果宜使用硬性铅笔（2H 或 3H）记录，同时熟悉表上各项内容及填写、计算方法。记录观测数据之前，应将仪器型号、日期、天气、测站、观测者及记录者姓名等无一遗漏地填写齐全。

2）观测者读数后，记录者应随即在测量手簿上的相应栏内填写，并复诵回报，以防听错、记错。不得另纸记录事后转抄。

3）记录时要求字体端正清晰，字体的大小一般占格宽的一半左右，留出空隙作改正错误用。

4）数据要全，不能省略零位。如水准尺读数 1.300，度盘读数 9°06′00″中的"0"均应填写。

5）水平角观测，秒值读记错误应重新观测，度、分值读记错误可在现场更正，但同一方向的盘左、盘右不得同时更改相关数字。垂直角观测中分（″）的读数，在各测回中不得连环更改。

6）距离测量和水准测量中，厘米及以下数值不得更改，米和分米的读记错误，在同一距离、同一高差的往、返测或两次测量的相关数字不得连环更改。

7）更正错误，均应将错误的数字、文字整齐划去，在上方另记正确的数字和文字。划改的数字和超限划去的成果，均应注明原因和重测结果的所在页数。

8）按 4 舍 6 入，逢 5 奇进偶不进的取数规则进行进位计算。如数据 1.1235 和 1.1245 进位后均为 1.124。

三、测量实训规则

1）在测量实训之前，应复习教材中的有关内容，认真仔细地预习实训指导书，明确实训目的与要求，熟悉实训步骤和注意事项，并准备好所需文具用品，以保证按时完成实训任务。

2）实训分小组进行，组长负责组织协调工作，办理所用仪器工具的借领和归还手续。

建筑工程测量实训规则

一、测量仪器工具借领与使用规则

1. 测量仪器工具借领

1）在教师指定的地点办理借领手续，以小组为单位领取仪器工具。

2）借领时应当场清点检查，实物与清单是否相符，仪器工具及其附件是否齐全，背带及提手是否牢固，脚架是否完好等。如有缺损，可以补领或更换。

3）离开借领地点之前，必须锁好仪器箱并捆扎好各种工具；搬运仪器工具时，必须轻取轻放，避免剧烈振动。

4）借出仪器工具之后，不得与其他小组擅自调换或转借。

5）实训结束，应及时收装仪器工具，送还借领处检查验收，办理归还手续。如有遗失或损坏，应写书面报告说明情况，并按有关规定给予赔偿。

2. 测量仪器使用规则

1）携带仪器时，应注意检查仪器箱盖是否关紧锁好，拉手、背带是否牢固。

2）打开仪器箱之后，要看清并记住仪器在箱中的安放位置，避免以后装箱困难。

3）从仪器箱取出仪器之前，应注意先松开制动螺旋，再用双手握住支架或基座轻轻取出仪器，放在三脚架上，一手握住仪器，一手去拧连接螺旋，最后旋紧连接螺旋使仪器与脚架连接牢固。

4）安装仪器到脚架之后，注意随即关闭仪器箱盖，防止灰尘和湿气进入箱内。仪器箱上严禁坐人。

5）人不离仪器，必须有人看护仪器，切勿将仪器靠在墙边或树上，以防跌损。

6）在野外使用仪器时，应该撑伞，严防日晒雨淋。

7）若发现透镜表面有灰尘或其他污物，应先用软毛刷轻轻拂去，再用镜头纸擦拭，严禁用手帕、粗布或其他纸张擦拭，以免损坏镜头。观测结束后应及时套好物镜盖。

8）各制动螺旋勿拧过紧，微动螺旋和脚螺旋不要旋到顶端。使用各种螺旋都应均匀用力，以免损伤螺纹。

9）转动仪器时，应先松开制动螺旋，再平稳转动。使用微动螺旋时，应先旋紧制动螺旋。动作要准确，用力不要太大，用力要均匀。

10）使用仪器时，对仪器性能尚未了解的部件，未经指导教师许可不得擅自操作。

11）仪器装箱时，要放松各制动螺旋，装入箱后先试关一次，在确认安放稳妥后，再拧紧各制动螺旋，以免仪器在箱内晃动受损，最后关箱上锁。

12）电子经纬仪、数字水准仪、全站仪、激光垂准仪和卫星定位测量仪等电子测量仪器，在更换电池时，应先关闭仪器的电源；装箱之前，也必须先关闭电源，才能装箱。

13）仪器搬站时，对于长距离或难行地段，应将仪器装箱，再进行搬站。在短距离和平坦地段，先检查连接螺旋是否拧紧，再收拢脚架，一手握基座或支架，另一手握脚架，竖直地搬移。严禁横扛仪器进行搬移。

3. 测量工具使用规则

1）水准尺、标尺和标杆禁止横向受力，以防弯曲变形。作业时，水准尺、标尺和标杆应由专人认真扶直，不准贴靠树上、墙上或电线杆上，不能磨损尺面分划和漆皮。标尺使用时还应注意接口处的正确连接，用后及时收尺。

2）测图板的使用，应注意保护板面，不得乱写乱扎，不能施以重压。

3）皮尺要严防受潮，万一受潮，应晾干后再收入尺盒内。

4）钢尺的使用，应防止扭曲、打结和折断，防止行人踩踏或车辆碾压，尽量避免尺身着水。用完钢尺，应擦净，以防生锈。

5）小件工具，如垂球、测钎、尺垫等应用完即收，防止遗失。

6）全站仪使用的反光棱镜，若发现棱镜表面有灰尘或其他污物，应先用软毛刷轻轻拂去，再用镜头纸擦拭。严禁用手帕、粗布或其他纸张擦拭，以免损坏镜面。

二、测量记录与计算规则

1）所有观测成果宜使用硬性铅笔（2H 或 3H）记录，同时熟悉表上各项内容及填写、计算方法。记录观测数据之前，应将仪器型号、日期、天气、测站、观测者及记录者姓名等无一遗漏地填写齐全。

2）观测者读数后，记录者应随即在测量手簿上的相应栏内填写，并复诵回报，以防听错、记错。不得另纸记录事后转抄。

3）记录时要求字体端正清晰，字体的大小一般占格宽的一半左右，留出空隙作改正错误用。

4）数据要全，不能省略零位。如水准尺读数 1.300，度盘读数 9°06′00″中的 "0" 均应填写。

5）水平角观测，秒值读记错误应重新观测，度、分值读记错误可在现场更正，但同一方向的盘左、盘右不得同时更改相关数字。垂直角观测中分（″）的读数，在各测回中不得连环更改。

6）距离测量和水准测量中，厘米及以下数值不得更改，米和分米的读记错误，在同一距离、同一高差的往、返测或两次测量的相关数字不得连环更改。

7）更正错误，均应将错误的数字、文字整齐划去，在上方另记正确的数字和文字。划改的数字和超限划去的成果，均应注明原因和重测结果的所在页数。

8）按 4 舍 6 入，逢 5 奇进偶不进的取数规则进行进位计算。如数据 1.1235 和 1.1245 进位后均为 1.124。

三、测量实训规则

1）在测量实训之前，应复习教材中的有关内容，认真仔细地预习实训指导书，明确实训目的与要求，熟悉实训步骤和注意事项，并准备好所需文具用品，以保证按时完成实训任务。

2）实训分小组进行，组长负责组织协调工作，办理所用仪器工具的借领和归还手续。

3）实训应在规定的时间进行，不得无故缺席或迟到早退；应在指定的场地进行，不得擅自改变地点或离开现场。

4）必须严格遵守本书列出的"测量仪器工具借领与使用规则"和"测量记录与计算规则"。

5）服从指导教师的安排和指导，每人都必须认真、仔细地操作，培养独立工作能力和严谨的工作作风，同时要发扬团结协作精神。每项实训都应取得合格的成果并提交书写工整规范的实训报告，经指导教师审阅后，方可归还测量仪器和工具，结束实训。

6）实训过程中，应遵守纪律，爱护现场的花草、树木和农作物，爱护周围的各种公共设施，不得任意砍折、踩踏，损坏者应予赔偿。

7）实训过程中要注意保持环境卫生，需要在地面上做测量标记时，如果是铺装好的地面和路面，可采用油性笔做标记，不得采用油漆和喷漆，以免污损地面。

作为将来从事测量工作的学生，要遵循测量实训规则，养成良好的行为品格，全面贯彻党的教育方针，落实立德树人根本任务，成为德智体美劳全面发展的社会主义建设者和接班人。

第一部分

建筑工程测量
课间实训

3）实训应在规定的时间进行，不得无故缺席或迟到早退；应在指定的场地进行，不得擅自改变地点或离开现场。

4）必须严格遵守本书列出的"测量仪器工具借领与使用规则"和"测量记录与计算规则"。

5）服从指导教师的安排和指导，每人都必须认真、仔细地操作，培养独立工作能力和严谨的工作作风，同时要发扬团结协作精神。每项实训都应取得合格的成果并提交书写工整规范的实训报告，经指导教师审阅后，方可归还测量仪器和工具，结束实训。

6）实训过程中，应遵守纪律，爱护现场的花草、树木和农作物，爱护周围的各种公共设施，不得任意砍折、踩踏，损坏者应予赔偿。

7）实训过程中要注意保持环境卫生，需要在地面上做测量标记时，如果是铺装好的地面和路面，可采用油性笔做标记，不得采用油漆和喷漆，以免污损地面。

作为将来从事测量工作的学生，要遵循测量实训规则，养成良好的行为品格，全面贯彻党的教育方针，落实立德树人根本任务，成为德智体美劳全面发展的社会主义建设者和接班人。

第一部分

建筑工程测量
课间实训

　　课间实训是根据"建筑工程测量"课程教学的需要，利用课堂教学时间，对常用的测量仪器进行操作训练，并完成基本测量任务的分项实训。课间实训配合课堂教学进行，是教学的重要组成部分。本部分共有18个实训项目，每个项目1~4学时，可根据学校和专业的实际需要选做。实训分组进行，每组4~6人，小组内各成员应轮流操作，互相配合。实训的测量数据可记录在本书附录的相应表格中，并在表格中完成有关的计算。实训结束时可将表格整齐地撕下交给指导教师审阅。

实训一　自动安平水准仪的认识与使用

一、实训目的

　　1）了解自动安平水准仪的构造，认识水准仪各主要部件的名称和作用。
　　2）初步掌握水准仪的粗略整平、照准水准尺与水准尺读数的方法。
　　3）会测定地面两点间高差，会计算高程。

二、能力目标

　　了解水准仪各部件及其作用，能进行水准仪的安置、粗略整平、照准水准尺等操作，会在水准尺上读数，会根据读数计算两点间的高差，会计算高程。

三、背景资料

　　水准测量是高程测量的主要方法，具有操作简便、精度高和成果可靠的特点，在测量工作中应用广泛。普通精度的自动安平水准仪是常用的水准测量仪器，了解其构造和掌握其使用方法是进行水准测量的基本要求。

四、仪器与工具

　　每个小组从仪器室借领自动安平水准仪一台、水准尺一把、测伞一把，自备记录笔和纸。

五、实训内容与步骤

1. 自动安平水准仪的认识与使用

　　（1）安置水准仪　在地面上支好脚架，注意高度适当，架头大致水平，踩稳脚架尖。从仪器箱中取出水准仪，将水准仪安放在架头上并将中心螺旋拧紧。

　　（2）认识水准仪构造　在仪器上找出目镜、目镜调焦螺旋、物镜、物镜调焦螺旋、水平微动螺旋、圆水准器、脚螺旋和基座等；同时了解水准标尺的分划与注记。

　　（3）进行粗略整平　转动仪器使圆水准器位于某两个基座螺旋之间，先根据"左手拇指规则"（左手拇指移动的方向就是气泡运动的方向），调节这两个螺旋，使圆水准器气泡处于中垂线上，然后调节第三个脚螺旋，使圆水准器气泡居中，如图1-1所示。

　　（4）照准水准尺　将水准尺立在距仪器20~50m处，转动望远镜，利用粗瞄准器对准水准尺，调节目镜调焦螺旋，使十字丝清晰，再调节物镜调焦螺旋使水准尺成像清晰，然后

a)　　　　　　　　　　　　　b)

图 1-1　粗略整平

调节水平微动螺旋精确瞄准水准尺，即使水准尺影像的一侧靠近十字丝的竖丝（便于检查水准尺是否竖直）。眼睛略做上下移动，检查十字丝与水准尺分划线之间是否有相对移动（视差），如果存在视差，则仔细进行目镜与物镜调焦，消除视差。

（5）读数　读出十字丝的中丝在水准尺上的读数，单位为米，精确到小数点后三位，其中最后一位（毫米）为估读。要求会读水准尺上两面的读数。

2. 测定地面两点间高差并计算高程

1）在地面上选择 A、B 两点，在与 A、B 两点距离大致相等的地方安置水准仪，粗略整平水准仪。

2）在 A 点竖立水准尺，水准仪瞄准 A 点上的水准尺，读数，此为后视读数，记入附表1"水准仪使用与测量练习记录表"中。

3）在 B 点竖立水准尺，瞄准 B 点上的水准尺，读数，此为前视读数，记入附表1中。

4）计算 A、B 两点的高差。

$$h_{AB} = 后视读数 - 前视读数$$

5）计算高程。假定 A 点的高程 H_A 为已知，则 B 点高程为

$$H_B = H_A + h_{AB}$$

3. 应交成果

每个小组提交附表1"水准仪使用与测量练习记录表"一份。

六、实训能力评价

本次实训的难点是水准仪的粗略整平和水准尺读数，学生应在30s内完成水准仪的粗略整平，在10s内正确读出水准尺的读数，否则说明没有掌握正确的方法。

作为一名合格的测量人员，应在5min内正确完成一个测站的水准测量工作，包括安置仪器、粗略整平、分别照准后尺和前尺、读数、记录、计算高程。优秀的测量人员一般在2~3min即可完成上述工作。

实训二　水准路线测量与计算

一、实训目的

掌握一般水准路线测量的实施方法。

二、能力目标

各小组能独立完成一条闭合水准路线的观测、记录和计算，闭合差容许值达到等外水准测量的要求：$f_{h容} = \pm 12\sqrt{n}$ mm（其中 n 为测站数）。利用观测结果，完成水准测量成果的计算工作，求出闭合差、改正数以及各点的高程。

三、背景资料

当两点距离较远或高差较大时，不能安置一次仪器便测得两点间的高差，此时必须逐站安置仪器，沿某条路线进行连续的水准测量，依次测出各站的高差，各站高差之和就是两点间的高差，最后根据其中已知点的高程求未知点的高程。

在进行路线水准测量时，应按照规定的观测程序进行观测，按一定的格式进行记录和计算，并在观测中进行各种检核，才能避免观测结果出错并达到一定的精度要求。不同等级的水准测量有相应的观测程序和记录格式，检核方法也有所不同，本实训是常用的普通水准测量。

四、仪器与工具

每个小组从仪器室借领自动安平水准仪一台、水准尺两把、尺垫两个、测伞一把，自备记录笔、纸和计算器。

五、实训内容与步骤

1. 选点

在指定的实习场地上，选定一个已知高程点作为水准路线的起点，并选定一条数百米长的闭合路线，待测点数不少于实训小组的人数，即使每人至少观测一个测站、计算一个测站。

2. 观测

1）在起点立一把水准尺（后尺），在前进方向的下一个点立另一把水准尺（前尺），在离两把水准尺距离基本相等的地方安置水准仪，粗略整平，分别瞄准后尺和前尺，读数并记录在附表 2-1"水准测量记录手簿"中。

2）计算两点间的高差，确认无误后，将后尺迁到再下一个点作为前尺，而原前尺不动作为后尺，仪器搬到两尺中间位置，进行第二站观测。用同样方法依次进行各站观测，直到最后回到起点。

3. 计算

1）观测完成后各站高差计算也同时完成，此时要进行计算检核，即：后视读数总和－前视读数总和＝高差总和。

2）将观测高差填写到附表 2-2"水准测量成果计算表"，计算高差闭合差及限差，超限者返工重测，重测应在分析原因后从最易出错地方测起，每重测一站便计算一次闭合差，若不超限即可停止重测。

3）利用高差数据，在附表 2-2"水准测量成果计算表"完成闭合差的分配（反号按测站数平均分配）和各点的高程计算。

4. 注意事项

1）瞄准要注意调节十字丝和水准尺影像十分清楚，以消除视差造成的读数误差。

2）每次读数前均要注意圆水准器气泡已居中。

3）读数时水准尺要立直扶稳，读数要快而准，宜用两人重复读数法避免读数错误。

4）在起点和其他需测定高程的点上不要放置尺垫，把标尺直接立在点上即可；在转点上立标尺时，如地面松软或不平，应先放尺垫再立尺。

5. 应交成果

每个小组提交附表 2-1"水准测量记录手簿"一份、附表 2-2"水准测量成果计算表"一份。

六、实训能力评价

本次实训需要正确操作水准仪，正确读数，正确立尺，会记录读数，会计算高差和高程，同时需要掌握路线水准测量的转点、搬站和交替移尺的步骤和方法。实训需要 4 人以上合作完成，是团队合作的成果，要注意每人轮流操作仪器、立尺和记录计算，使各项能力得到提高。

作为第一次路线水准测量实训，学生只要在两节课内能完成一条 4 个点以上的路线水准测量，闭合差在规定的限差范围之内，成果记录格式及计算正确，即可认为基本掌握水准路线测量的方法。

作为一名合格的测量人员，操作水准仪进行水准路线测量，在立尺人员的配合下，应在 20min 内正确完成一条 4 个点的路线水准测量工作，包括观测、记录、计算和搬站。优秀的测量人员一般在 10min 即可完成上述工作。

实训三　自动安平水准仪的检验与校正

一、实训目的

1）了解水准仪各轴线应满足的条件。

2）掌握水准仪检验和校正的方法。

3）要求校正后 i 角值不超过 20″，其他条件无明显偏差。

二、能力目标

熟悉水准仪的轴线关系，会进行水准仪的检验，了解水准仪校正的方法。

三、背景资料

仪器误差是水准测量误差的主要来源之一，仪器圆水准器轴与竖轴不平行、十字丝中丝与竖轴不垂直、视准轴 i 角误差等都会引起测量误差。应采用检验合格的仪器进行观测，并采用适当的观测方法减少仪器误差对观测结果的影响。因此，水准仪检验与校正是测量人员必备的技能之一。

四、仪器与工具

每个小组从仪器室借领自动安平水准仪 1 台、水准尺 2 把、尺垫 2 个、钢尺 1 把、小螺钉旋具 1 把、校正针 1 根，自备笔和纸。

五、实训内容与步骤

1. 圆水准器轴平行于仪器竖轴的检验与校正

（1）检验 转动脚螺旋，使圆水准器气泡居中，将仪器绕竖轴旋转 180°。如果气泡仍居中，则条件满足；如果气泡偏出分划圈外，则需校正，如图 1-2 所示。

图 1-2 圆水准器的检验与校正

（2）校正 用六角形小扳手调节圆水准器旁边的两个校正螺旋，如图 1-3 所示。先使气泡向零点方向返回一半，如图 1-2 所示，此时气泡虽不居中，但圆水准器轴已平行于竖轴，再用脚螺旋调至气泡居中。如此反复检校，直到仪器转到任何方向时，气泡都在分划圈内为止。

2. 十字丝中丝垂直于仪器竖轴的检验与校正

（1）检验 整平水准仪（圆水准器居中），用十字丝交点瞄准一个明显的点状目标 M，如图 1-4 所示。转动水平微动螺旋，如果该点始终在中丝上移动，说明此条件满足；如果该点离开中丝，则需校正。

（2）校正 卸下目镜处外罩，松开四个固定螺旋，稍微转动十字丝环，使目标点 M 与中丝重合。反复检验与校正，直到满足条件为止。再旋紧四个固定螺旋。

图 1-3 圆水准器校正螺旋

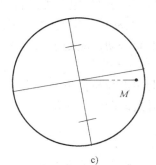

a)　　　　　　　　　b)　　　　　　　　　c)

图 1-4 十字丝中丝垂直于仪器竖轴的检验

3. 视准轴 i 角误差的检验与校正

（1）检验 如图 1-5 所示，在平坦地面上选定相距约 80m 的 A、B 两点，打入木桩或放尺垫后立水准尺。先用钢尺量出与 A、B 距离相等的 O_1 点，在该点安置水准仪，分别读取 A、B 两点水准尺的读数 a_1 和 b_1，得 A、B 点之间的高差 h_1

$$h_1 = a_1 - b_1$$

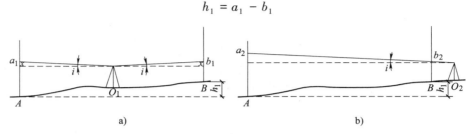

图 1-5 视准轴 i 角误差的检验
a）水准仪安置在中点 b）水准仪安置在一端

把水准仪安置在距 B 点约 3m 的 O_2 点，读出 B 点尺上读数 b_2，因水准仪至 B 点尺很近，其 i 角引起的读数偏差可认为近似为零，即认为读数 b_2 正确。由此，可计算出水平视线在 A 点尺上的读数应为

$$a_2 = h_1 + b_2$$

然后，瞄准 A 点水准尺，调水准管气泡居中，读出水准尺上实际读数 a_2'，若 $a_2' = a_2$，说明两轴平行，若 $a_2' \neq a_2$，则两轴之间存在 i 角，其值为

$$i = \frac{a_2 - a_2'}{D_{AB}} \cdot \rho''$$

式中 D_{AB} 为 A、B 两点平距，$\rho'' = 206265''$。对于一般的自动安平水准仪，i 角值大于 $20''$ 时，需要进行校正。

（2）校正 打开望远镜目镜护盖，露出十字丝分划板调节螺旋，调节上下两个螺旋，使十字丝中心往上或者往下移动。观察十字丝中丝在水准尺上的读数的变化。当读数等于应有读数 a_2 时，旋紧上下调节螺旋。此项校正需反复进行，直到 i 角小于 $20''$ 为止。

4. 注意事项

1）检校水准仪时，必须按上述的规定顺序进行，不能颠倒。

2）要按照规定步骤进行检验，确认检验无误后才能进行校正。

3）拨动校正螺旋时，一律要先松后紧，一松一紧，用力不宜过大，校正完毕时，校正螺旋不能松动，应处于稍紧状态。

5. 应交成果

上述检验与校正的过程记录在附表 3 "水准仪的检验与校正记录表"，实训结束时每个小组提交该记录表一份。

六、实训能力评价

由于教学仪器大多数是已经检校合格的仪器，本次实训以检验为主，校正为辅。只要能通过检查判断水准仪各个轴线是否处于正确状态，以及确定误差的大小，即可认为具备了基本的检校能力。

实训四　数字水准仪使用

一、实训目的

1. 认识数字水准仪，掌握其操作方法。
2. 认识条形码水准尺，掌握立尺的要领。

二、能力目标

掌握数字水准仪的使用方法，能准确测出两点间的高差。

三、背景资料

自动读数的数字水准仪，进一步提高了水准测量的精度和工作效率，具有读数客观、精度高和效率高的优点，且可实现观测和数据记录的自动化。数字水准仪代表了水准测量发展的方向。

四、仪器与工具

每个小组从仪器室借领数字水准仪一台、条形码水准尺两把、尺垫两个、测伞一把，自备记录笔和纸。

五、实训内容与步骤

1. 数字水准仪的认识与使用

1）安置数字水准仪，认识数字水准仪的构造，了解各螺旋的功能与操作方法，练习整平仪器、照准水准尺的方法。

2）观察数字水准仪的控制面板，打开电源，了解各按键的功能与操作方法。

3）观察数字水准仪的显示屏，了解读数与注记的意义和作用。

2. 数字水准仪测量高差的操作

1）数字水准仪整平，即调节基座螺旋使圆水准器的气泡居中。在后尺点和前尺点各立一把条形码水准尺，立尺时应使尺上的圆水准器气泡居中。

2）将望远镜照准后尺中央，精确调焦至条形码影像清晰。按测量键，显示后尺读数，在附表4"数字水准仪使用练习记录表"中记录该读数。

3）旋转望远镜照准前尺中央，精确调焦至条形码影像清晰，按测量键，显示前尺读数，记录该读数。

4）根据后尺读数和前尺读数，计算两点之间的高差。

5）为了检查观测精度，水准尺不动，重新安置数字水准仪，重复前面的照准、读数、记录和计算等工作，又得到两点之间的高差。两个高差相差应不大于5mm，然后取其平均值作为最后的结果。

3. 注意事项

1）立尺时要立稳立直，防止摔坏标尺的事故发生。

2）前后视距要尽量相等并且要保证一定的视线高度。

3）观测时要调焦清晰后才测量和记录读数。

4）每测站观测完成后，需要完成计算和检查合格后才可搬站。

4. 应交成果

实训结束时，每个小组提交附表4"数字水准仪使用练习记录表"一份。

六、实训能力评价

作为一名合格的测量人员，使用数字水准仪，应在4min内正确完成一个测站的水准测量工作，包括安置仪器、粗略整平、分别照准后尺和前尺、读数、记录、计算高程。优秀的测量人员一般在1~2min即可完成上述工作。

实训五　电子经纬仪的认识与使用

一、实训目的

1）了解电子经纬仪的构造，熟悉主要部件的名称和作用。

2）掌握电子经纬仪的对中整平、瞄准和读数的方法。

二、能力目标

了解电子经纬仪各部件及其作用，掌握对中整平、瞄准和读数的方法。

三、背景资料

角度测量是测量工作的基本内容之一，电子经纬仪是常用的角度测量仪器，在工程测量中应用十分广泛，了解电子经纬仪的构造和掌握其使用方法是从事测量工作的基本要求。

四、仪器与工具

每个小组从仪器室借领电子经纬仪1台、测钎2根、记录板1块、测伞1把，自备纸笔。

五、实训内容与步骤

1. 安置经纬仪

打开三脚架安置在测站上，使三脚架高度适中，架头大致对中和水平。从仪器箱中取出经纬仪，安放到脚架上并旋紧连接螺旋，合上仪器箱盖。如果是光学对中器，旋转光学对中器的目镜，使对中器分划板的小圆圈清晰，推拉光学对中器的物镜，使地面测站点标志的影像清晰。如果是激光对中器，开机，按下激光对中器按键，发出向下可见对中激光束。

2. 对中整平

（1）初步对中　固定一只架腿，提起其他两只架腿，前后左右移动仪器，使对中器中心对准测站点标志，放下脚架并踩稳。若对中器中心与测站点标志略有偏离，可转动基座螺旋，使对中器中心对准标志中心。

（2）初步整平　伸缩三脚架腿，使圆水准器气泡居中，注意脚架尖位置不能移动。检查对中器中心是否还对准地面标志点，若偏离较大，转动基座脚螺旋使对中器中心重新对准地面标志，再伸缩三脚架腿使圆水准器气泡居中，反复进行 1~2 次，即可完成经纬仪的初步对中和整平。

（3）精确对中　若对中器中心与地面点偏离较小，可稍松连接螺旋，在架头上平移仪器，使对中器中心准确对准测站点，最后旋紧连接螺旋。

（4）精确整平　松开照准部制动螺旋，转动照准部，使水准管平行于任意一对脚螺旋的连线，如图 1-6 所示，按左手拇指规则，两手同时反向转动这对脚螺旋，使气泡居中；将照准部旋转 90°，转动第三只脚螺旋，使气泡居中。此时若对中器中心与地面点有偏

图 1-6　调节基座螺旋精确整平

离，稍松连接螺旋，在架头上平移仪器对中。精确对中和精确整平一般需要几次循环过程，直至对中误差在 2mm 以内，水准管气泡的偏离不超过 1 格为止。

3. 瞄准目标

1）转动照准部，使望远镜对向明亮处，转动目镜调焦螺旋，使十字丝清晰。

2）用望远镜上的粗瞄准器对准目标，使其位于视场内，固定水平制动螺旋和垂直制动螺旋。

3）转动物镜调焦螺旋，使目标影像清晰；旋转垂直微动螺旋，尽量照准目标的底部；旋转水平微动螺旋，使目标影像被十字丝的单根竖丝平分，或被双根竖丝夹在中间。

4）眼睛微微左右移动，检查有无视差，如有，转动目镜和物镜的调焦螺旋予以消除。

4. 读数

观察仪器的屏幕，上方显示竖直度盘读数，下方显示水平度盘读数。也可按下面的方法判断：旋紧水平制动螺旋，垂直转动望远镜，此时发生变化的读数为竖直度盘读数，不变的是水平度盘读数。

注意水平度盘读数时应为"右"状态，否则按"左/右"键变换过来。竖直度盘读数应为角度值，否则按"角度/坡度"键变换过来。读数和记录精确到秒。

5. 观测水平角

1）盘左位置瞄准左侧目标，读出水平度盘读数并记录，再瞄准右侧目标，读出水平度盘读数并记录，右侧目标读数减左侧目标读数即为水平角。

2）盘右位置瞄准右侧目标，读出水平度盘读数并记录，再瞄准左侧目标，读出水平度盘读数并记录，右侧目标读数减左侧目标读数即为水平角。

3）取盘左和盘右观测的水平角的平均值作为最终结果。

6. 应交成果

每个小组提交附表 5"电子经纬仪认识与使用练习"一份。

六、实训能力评价

本次实训的难点在于经纬仪的对中与整平，学生应在 5min 内完成经纬仪的对中与整平，否则说明没有掌握正确的方法。作为一名合格的测量人员，应在 15min 内正确完成一个测回的水平角观测工作，包括安置仪器、对中整平、瞄准、读数、记录、计算。熟练的测量人员在 5min 内可完成上述操作。

实训六　水平角观测

一、实训目的

掌握测回法水平角观测的操作、记录和计算。

二、能力目标

掌握测回法水平角观测的操作、记录和计算，精度符合要求。

三、背景资料

测回法适用于测量两个方向之间的单个水平角，在工程测量中应用广泛，要求学生能够熟练掌握并能灵活运用。

四、仪器与工具

每个小组到仪器室借领电子经纬仪 1 台、测钎 2 根、记录板 1 块、测伞 1 把，纸笔自备。

五、实训内容与步骤

1. 操作步骤

1）在地面上选择 A、B、C 三点组成三角形，做好地面标志，如图 1-7 所示。

2）在 A 点安置经纬仪，对中、整平，在 B、C 点竖立测钎。

3）盘左位置，瞄准左手方向的目标 B，水平度盘读数置 0，记入观测手簿；然后松开制动螺旋，顺时针转动照准部，瞄准右手方向目标 C，读取水平度盘读数，记入观测手簿（附表 6 "水平角观测手簿"）。目标 C 的读数减目标 B 的读数得到上半测回水平角。

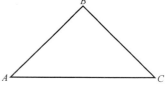

图 1-7　水平角观测布置示意图

4）盘右位置，松开制动螺旋，纵向转望远镜成盘右位置，瞄准原右手方向的目标 C，读取水平度盘读数，记入观测手簿；然后松开制动螺旋，逆时针转动照准部，瞄准原左手方向的目标 B，读取水平度盘读数，记入观测手簿。目标 C 的读数减目标 B 的读数得到下半测回水平角。

5）如果上、下半测回角值之差不超过 ±30″，取两者的平均值作为 A 的水平角。如果超限，要进行重测直至合格。

6）依次将经纬仪搬到 B、C 点，同上进行水平角观测，得到 B、C 的水平角。将 A、B、C 三个角相加，其与 180°之差应小于 $60\sqrt{3}'' = 104''$。

2. 注意事项

1）目标不能瞄错，并尽量用竖丝瞄准目标下端。
2）每个测站均是盘左照准第一个目标时水平度盘读数置 0，盘右不要再置 0。

3. 应交成果

每个小组提交附表 6 "水平角观测手簿" 一份。

六、实训能力评价

本次实训的难点是经纬仪的熟练操作和精确度，学生应在 45min 内完成本次任务，否则说明没有掌握正确的方法。重点是在正确的操作方法下得出的成果应符合精度的允许值，否则将重测。

实训七　垂直角观测

一、实训目的

1）掌握垂直角观测、记录、计算的方法。
2）了解竖盘指标差的含义及要求。

二、能力目标

掌握垂直角观测的方法，会计算竖盘指标差。

三、背景资料

垂直角又称为竖直角，它与水平角一样，其角度值是度盘上两个方向的读数差，不同的是两个方向中有一个是水平线，其读数是一个常数（盘左为 90°，盘右为 270°）。在观测中，只需观测目标点的一个方向，并读取竖盘读数，便可通过计算得到垂直角。

四、仪器与工具

每个小组到仪器室借领电子经纬仪 1 台、记录板 1 块、测伞 1 把，纸笔自备。

五、实训内容与步骤

1. 操作步骤

1）在测站点 O 上安置经纬仪，对中整平后，选定一个目标 A。
2）观察竖直度盘注记形式并写出垂直角的计算公式。盘左位置将望远镜大致放平观察竖直度盘读数，然后将望远镜慢慢上仰，观察竖直度盘读数变化情况，是增大还是减小，推断盘左的垂直角计算公式。然后换成盘右位置，同法推断盘右的垂直角计算公式。

常见经纬仪的盘左和盘右垂直角计算公式分别为：

$$\alpha_L = 90° - L$$
$$\alpha_R = R - 270°$$

3）盘左观测。盘左用十字丝中丝切准目标 A，读取竖直度盘读数 L，记入观测手簿（附表7"垂直角观测手簿"）并计算 α_L。

4）盘右观测。盘右同盘左法观测 A 目标，读取盘右读数 R，记入观测手簿并计算出 α_R。

5）计算竖盘指标差 x 和一测回垂直角 α：

$$x = \frac{1}{2}(\alpha_R - \alpha_L)$$

$$\alpha = \frac{1}{2}(\alpha_L + \alpha_R)$$

6）同法测定其他目标，要求每人观测一个目标，并完成相应的计算。同一台仪器不同垂直角观测的竖盘指标差的互差最大不能超过 $\pm 25''$。

2. 注意事项

1）电子经纬仪具有竖盘指标自动补偿装置，要保证圆水准器气泡居中，使自动补偿器工作正常。

2）垂直角观测时，对同一目标应以中丝切准目标。

3）计算垂直角和指标差时，应注意正、负号。

3. 应交成果

每个小组提交附表7"垂直角观测手簿"一份。

六、实训能力评价

本实训旨在培养学生熟练观测垂直角的能力，在熟练操作经纬仪的基础上要掌握垂直角的观测方法，并能在7min内完成一个垂直角的观测。优秀的测量人员一般在 3～5min 即可完成上述工作。

实训八　电子经纬仪的检验与校正

一、实训目的

1）了解经纬仪的主要轴线之间应满足的几何关系。
2）掌握电子经纬仪检验与校正的基本方法。

二、能力目标

熟悉经纬仪的轴线关系，会进行经纬仪的检验，了解经纬仪校正的方法。

三、背景资料

仪器误差是角度测量误差的主要来源之一，应采用检验合格的仪器进行观测，并采用适当的观测方法减少仪器误差对观测结果的影响。因此经纬仪的检验与校正是测量人员必备的技能之一。

四、仪器与工具

每组学生领取电子经纬仪 1 台，校正针 1 枚，小螺钉旋具 1 把，记录板 1 块。

五、实训内容与步骤

1. 水准管轴垂直于仪器竖轴的检验与校正

（1）检验　初步整平仪器，转动照准部使水准管平行于一对脚螺旋连线，转动这对脚螺旋使气泡严格居中；然后将照准部旋转 180°，如果气泡仍居中，则说明条件满足，如果气泡中点偏离水准管零点超过一格，则需要校正。

（2）校正　用校正针拨动水准管校正螺钉，使气泡返回偏移值的一半，然后转动基座螺旋，使水准管气泡居中。如此反复检校，直至水准管旋转至任何位置时水准管气泡偏移值都在一格以内。

2. 十字丝竖丝垂直于横轴的检验与校正

（1）检验　用十字丝交点瞄准一个清晰的点状目标 P，转动望远镜垂直微动螺旋，使竖丝上、下移动，如果 P 点始终不离开竖丝，则说明该条件满足，否则需要校正，如图 1-8 所示。

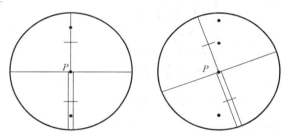

图 1-8　十字丝竖丝垂直于横轴的检验

（2）校正　旋下十字丝环护罩，用小螺钉旋具松开十字丝外环的 4 个固定螺旋，转动十字丝环，使望远镜上、下微动时，P 点始终在竖丝上移动为止，最后旋紧十字丝外环固定螺旋，如图 1-9 所示。

3. 视准轴垂直于横轴的检验和校正

（1）检验　在距离仪器同高的远处设置目标 A，精确整平仪器并打开电源。盘左位置将望远镜照准目标 A，读取水平度盘读数 L。盘右位置再次照准 A 点，读取水平度盘读数 R。计算两倍照准差：$2C = L - (R \pm 180°)$，如果 $2C$ 大于 20″ 就需校正。视准轴误差如图 1-10 所示。

图 1-9　十字丝竖丝的校正

（2）校正　盘右正确读数应为原读数 $R+C$，即：$R_{正确} = R+C$。用水平微动旋钮将水平角读数调整到该读数。取下目镜分划板座护盖，如图 1-9 所示，调整分划板左右两个十字丝校正螺旋，先松一侧螺旋后紧另一侧螺旋，左右移动分划板使十字丝中心照准目标 A。

重复检验步骤，校正至 $|2C| < 20″$ 符合要求为止。将护盖安装回原位。

4. 横轴垂直于仪器竖轴的检验

（1）检验　如图 1-11 所示，在离墙面约 30m 处安置经纬仪，盘左瞄准墙上高处目标 P（仰角约 30°），放平望远镜，在墙面上定出 A 点；盘右再瞄准 P 点，放平望远镜，在墙面上定出 B 点；如果 A、B 重合，则说明条件满足；如果 A、B 相距大于 5mm，则需要校正。

图 1-10　视准轴误差

图 1-11　横轴垂直于仪器竖轴的检验

（2）校正　由于横轴校正设备密封在仪器内部，该项校正应由仪器维修人员进行。

5. 竖盘指标差的检验与校正

（1）检验　整平经纬仪，盘左、盘右观测同一目标点 P，分别读取竖盘读数 L 和 R，按下式计算竖盘指标差

$$x = \frac{1}{2}(L + R - 360°)$$

当竖盘指标差 $x > 16''$ 时，则需校正。

（2）校正　整平仪器后，按住"置零"键开机，三声蜂鸣后松开按键，显示屏如图 1-12a 所示。转动仪器精确照准与仪器同高的远处任一清晰稳定目标 A，按"置零"键，显示屏如图 1-12b 所示。

图 1-12　竖盘指标差的检校

纵转望远镜，盘右精确照准同一目标 A，按"置零"键，设置完成，仪器返回测角模式。经过这两步操作，仪器自动根据盘左和盘右观测的读数计算竖盘指标差，并对补偿器的修正值进行相应的调整，使竖盘指标差为零。

重复检验步骤重新测定指标差，若仍不符合要求，则应检查校正步骤的操作是否有误，目标照准是否准确等，按要求再重新进行设置。

6. 注意事项

1）按上述步骤进行各项检验校正，顺序不能颠倒，检验数据正确无误才能进行校正，校正结束时，各校正螺钉应处于稍紧状态。

2）选择仪器的安置位置时，应顾及视准轴和横轴的两项检验，既能看到远处水平目标，又能看到墙上高处目标。

7. 应交成果

每个小组提交附表 8 "电子经纬仪检验与校正记录表"一份。

六、实训能力评价

由于教学仪器大多数是已经检校合格的仪器，本次实训以检验为主，校正为辅。只要能通过检查判断水准仪各个轴线是否处于正确状态，以及确定误差的大小，即可认为具备了基本的检校能力。

实训九　钢尺量距和视距测量

一、实训目的

1）熟悉钢尺的正确使用。
2）掌握直线定线的方法。
3）掌握钢尺量距的一般方法与成果计算。
4）掌握视距测量的观测、记录和计算方法。

二、能力目标

1）能用钢尺按一般方法量距。
2）能用视距测量方法进行距离和高程测量。

三、背景资料

钢尺具有成本低、使用方便和准确直观的优点，是建筑工程中最常用的距离测量工具。但钢尺量距受到尺长限制，有时需要分段测量，此外量距时，受尺长误差、温度变化和地面不平等因素影响较大。

视距测量是用经纬仪和水准仪等测量仪器中望远镜内十字丝分划板上的视距丝，以及标尺或水准尺，根据几何光学和三角学原理，同时测定地面两点间的水平距离和高差。这种方法操作简便、迅速，不受地面起伏的限制，但精度比钢尺低，只可用于地形图碎部测量等精度要求不太高的场合。

四、仪器与工具

电子经纬仪 1 台，30m 钢尺 1 把，测钎 1 束，水准尺 1 把，记录板 1 块。自备记录纸、笔和计算器等。

五、实训内容与步骤

1. 钢尺量距实训步骤

（1）用经纬仪定线　在实训场上选定相距 60m 以上的两点 A、B，做好标志。将经纬仪安置于 A 点，对中、整平。用望远镜十字丝纵丝照准立于 B 点的测钎，固定照准部水平制动螺旋，然后将望远镜向下俯视，用手势指挥移动分段点的测钎，当测钎与十字丝纵丝重合时，在测钎的位置打下木桩和钉下铁钉，或者在地面上画出分段点标志。

（2）往测　后尺手持钢尺的零端位于 A 点的后面，前尺手持钢尺的末端沿 AB 方向前进，两人同时将钢尺拉紧、拉平、拉稳，后尺手将钢尺的零点对准 A 点并喊"好"，前尺手读取读数并记录。这样便完成了第一尺段的丈量工作。同样的方法测量其他各段的水平距离，各段相加得到 AB 往测水平距离 $D_{往}$。观测数据记录在附表 9-1 "钢尺量距记录表"。

（3）返测　同样的方法由 B 点量至 A 点进行返测，得到直线 AB 水平距离的返测结果 $D_{返}$。

（4）计算　AB 的平均距离 D 为：

$$D = \frac{1}{2}(D_{往} + D_{返})$$

相对误差 K 为：

$$K = \frac{|D_{往} - D_{返}|}{D}$$

平坦地区一般相对误差 $K_{容} \leq 1：3000$。相对精度符合要求时，取其平均值作为最后成果；超过限差要求时，则重新测量。

2. 视距测量实训步骤

（1）安置经纬仪　在 A 点上安置经纬仪，对中、整平，量取仪器高 i（精确到厘米），设测站点地面高程为 H_A（例如 $H_A = 75m$）。

（2）水平视线观测　盘左状态，上下转动望远镜，使竖盘读数为 $90°00'00''$，即使望远镜处于水平状态。照准 B 点上的水准尺，读取上、下丝读数 a、b，中丝读数 v，分别记入附表 9-2 "视距测量记录表"。按下式计算水平距离和高程。

水平距离：$D = Kl$　　其中 $K = 100$，$l = a - b$

B 点高程：$H_B = H_A + h_{AB}$　　其中 $h_{AB} = i - v$

（3）倾斜视线观测　盘左状态，上下转动望远镜使视线不水平，照准 B 点上的水准尺，读取上、下丝读数 a、b，中丝读数 v，竖盘读数，分别记入附表 9-2 "视距测量记录表"一份。按下式计算水平距离和高程。

水平距离：$D = Kl\cos^2\alpha$　其中 $K = 100$，$l = a - b$，α 为垂直角（$90°$-竖盘读数）

高差：$h = D\tan\alpha + i - v = \frac{1}{2}Kl\sin2\alpha + i - v$

B 点高程：$H_B = H_A + h$

3. 注意事项

1）钢尺量距的原理简单，但在操作上容易出错，要做到三清：零点看清——尺子零点不一定在尺端，有些尺子零点前还有一段分划，必须看清；读数认清——尺上读数要认清米、分米、厘米的标注和毫米的分划数；尺段记清——尺段较多时，容易发生少记一个尺段的错误。

2）钢尺容易损坏，为维护钢尺，应做到四不：不扭，不折，不压，不拖。用毕要擦净后才可卷入尺壳或把手内。

3）前、后尺手动作要配合好，定线要直，尺身要水平，尺子要拉紧，用力要均匀，待尺子稳定时再读数或插测钎。

4）用测钎标志点位时，测钎要竖直插下，前、后尺所量测钎的部位应一致。

5）读数要细心，小数要防止错把 9 读成 6，或将 21.041 读成 21.014 等。

6）记录应清楚，记好后及时回读，互相校核。

7）视距测量前应校正竖盘指标差。

8）标尺应严格竖直。

9）仪器高度、中丝读数和高差计算精确到厘米，平距精确到分米。

10）倾斜视线观测时，可用下丝对准尺上整米读数，读取上丝在尺上的读数，心算出视距。

4. 应交成果

每个小组提交附表 9-1 "钢尺量距记录表"、附表 9-2 "视距测量记录表" 一份。

六、实训能力评价

1）钢尺量距的难点是分段点的确定，视距测量的难点是计算比较麻烦。

2）钢尺量距的相对误差在 1/3000 以内、视距测量的精度在 1/300 以内，即为合格。

3）实习过程中应操作规范、配合默契，在精度合格的前提下，所用时间越短，成绩越好。

实训十 全站仪的基本操作与距离测量

一、实训目的

1）了解全站仪的构造、各部件的名称及作用。
2）熟悉全站仪的操作界面及按键的功能。
3）能用全站仪进行角度测量和距离测量。

二、能力目标

1）掌握全站仪的基本操作。
2）掌握全站仪测量角度和距离的方法。

三、背景资料

全站仪是由电子测角、电子测距、电子计算和数据存储等单元组成的三维坐标测量仪器，能自动显示测量结果并与计算机等其他设备进行数据交换，具有精度高和自动化程度高的特点，广泛应用于控制测量、数字测图和施工测量，是目前常用的测量仪器之一。

全站仪的种类很多，各种型号仪器的基本结构大致相同，工作原理也基本相同。不同仪器的显示界面和具体操作方法可能有所不同，但其主要功能和操作步骤是一致的。这里以南方测绘仪器公司生产的南方 NTS360 系列全站仪为例，介绍全站仪的基本操作与使用。

四、仪器与工具

全站仪 1 台，棱镜 1 个及对中杆 1 付，测伞 1 把。

五、实训内容与步骤

1. 全站仪的认识

全站仪和电子经纬仪外形基本一样，由基座、照准部、水平度盘和竖直度盘等组成，度盘采用编码度盘或光栅度盘，读数方式为电子显示。全站仪的望远镜内设置有光电测距仪，因此与电子经纬仪的望远镜相比要粗很多。全站仪的显示屏也大一些，按键也多了很多，以便满足更复杂功能的需要。南方 NTS360 全站仪如图 1-13 所示。

图 1-13　南方 NTS360 全站仪

2. 测量前的准备工作

（1）安置仪器　将全站仪安置在测站上，对中整平，方法与经纬仪相同。安置反光镜于另一点上，经对中整平后，将反光镜朝向全站仪。

（2）开机及初始化　按面板上的 <POWER> 键打开电源，注意观察显示窗右侧的电池信息，判断电池是否有足够的电量并采取相应的措施。

转动一下照准部和望远镜，完成仪器的初始化，此时仪器一般处于测角状态。面板布局如图 1-14 所示，有关键盘符号的名称与功能如下：

<POWER> 电源开关键——短按开机，长按关机。

<ANG>（▲）——角度测量键（上移键），进入角度测量模式（上移光标）。

<DIST>（▼）——距离测量键（下移键），进入距离测量模式（下移光标）。

<CORD>（◄）——坐标测量键（左移键），进入坐标测量模式（左移光标）。

<MENU>（►）——菜单键（右移键），进入菜单模式（右移光标），可进行各种程序测量、数据采集、放样和存储管理等。

<ENT> 回车键——确认数据输入或存入该行数据并换行。

<ESC> 退出键——返回上一级状态或返回测量模式。

图 1-14 南方 NTS-360 全站仪面板

<★>星键——进入参数设置状态。

<F1~F4>功能键 ——对应于显示屏最下方一排所示信息的功能，具体功能随不同测量状态而不同。

<0~9>数字键 ——输入数字和字母、小数点、负号。

（3）温度、气压和棱镜常数设置　全站仪测距时发射红外光的光速随大气的温度和压力而改变，进行温度和气压设置，是通过输入测量时测站周围的温度和气压，由仪器自动对测距结果实施大气修正。棱镜常数是指仪器发射的红外光经过棱镜反射回来时，在棱镜处折射多走了一段距离，这个距离对同一型号的棱镜来说是个固定值，例如南方全站仪配套的棱镜为 30mm，测距结果应减去 30mm，才能抵消其影响，因此棱镜常数为 -30mm，在测距时输入全站仪，由仪器自动进行修正，显示正确的距离值。

例如预先测得测站周围的温度为 25℃，气压为 1017.5hPa，棱镜常数 -30mm，设置方法是按 ★键，进入设置界面，然后再按 F4，进入参数设置界面，在温度项输入"25"，按▼键移动光标到气压项，输入"1017.5"，再按▼键移动光标到棱镜常数项，输入"-30"，最后按 F4 回车确认，见图 1-15a 所示。然后按 ESC 键退回到仪器开机初始化后的状态。

3. 距离测量

照准棱镜中心，按<DIST>键进入距离测量模式，按"测量"键，距离测量开始，1~2s 后在屏幕上显示水平距离，同时屏幕上还显示全站仪中心与棱镜中心之间的高差以及斜距，如图 1-15b 所示。

a)

b)

图 1-15 温度、气压、棱镜常数设置和测距屏幕

全站仪测距时一般有精测、粗测和跟踪三种测量模式，测量时可根据工作需要选择合适的测量模式。精测模式是正常的测距模式，用于精度要求高的情况。

4. 角度测量

角度测量是全站仪的基本功能之一，如果只是测量角度，不需要设置棱镜常数、温度和气压。开机一般默认进入角度测量状态，南方 NTS360 也可按 ANG 键进入测角状态，屏幕上的"V"为垂直角读数，"HR"（度盘顺时针增大）或"HL"（度盘逆时针增大）为水平度盘读数，水平角置零等操作按 F1～F4 功能键完成，具体操作方法与电子经纬仪基本相同。

5. 注意事项

全站仪是贵重的精密测量仪器，除了按一般的光学测量仪器保管和维护外，还需注意以下事项：

1）仪器搬站前应先关机，距离近时可将仪器和脚架一起搬动，但应保持仪器竖直向上，距离较远时应装箱搬运。仪器应在对中整平完成后再开机。

2）仪器换电池前必须关机，数据线插入和拔出时，也应先关机。

3）仪器要防日晒、防雨淋、防碰撞振动，严禁将仪器望远镜直接对准太阳。

4）操作前应仔细阅读实训指导书和仪器使用手册，并认真听指导教师讲解。不明白操作方法与步骤者，不得操作仪器。

6. 应交成果

实训结束时，每个小组提交附表 10"全站仪使用与距离测量记录表"一份。

六、实训能力评价

本次实训的目的是初步认识全站仪，在此基础上重点学习距离测量方法，其中难点是仪器按键功能的熟悉和距离测量中的参数设置。能够正确进行距离测量和角度测量即为合格。

经过多次训练后，一般应在 15min 内完成全站仪的基本操作，包括对中整平、设置参数和距离测量。熟练的测量人员在 5min 内可完成上述操作。

实训十一　全站仪坐标测量

一、实训目的

1）熟悉全站仪坐标测量的方法。
2）能用全站仪进行坐标测量。

二、能力目标

掌握全站仪测量坐标的方法。

三、背景资料

全站仪可同时观测水平距离、水平角和垂直角，并可自动计算平面坐标（x，y）和高程 H，在屏幕上同时显示（x，y，H），也就是同时测定点位的三维坐标。三维坐标测量是全站仪的主要功能之一，在测量工作中应用广泛。这里以南方测绘仪器公司生产的南方

NTS360 系列全站仪为例，介绍全站仪测量坐标的方法。

四、仪器与工具

全站仪 1 台，棱镜 1 个及对中杆 1 付，测伞 1 把。

五、实训内容与步骤

1. 设置测站

安置全站仪，对中整平，按 CORD 键将测量模式切换到"坐标测量"模式，选择"设置测站点"功能项，输入测站点的已知坐标和高程。可直接从键盘上输入，也可从已知点数据文件中调用，注意全站仪将 (x, y, H) 显示为 $(N、E、Z)$。用小钢尺量出地面上测站点标志至仪器望远镜旋转中心的高度，输入到"仪器高"项。

2. 后视定向

后视照准另一个已知控制点，输入该点的已知坐标作为后视点坐标，或者直接输入后视方向的方位角。同样，定向点的已知坐标可直接从键盘上输入，也可从已知点数据文件中调用。定向点的高程可不输入。按确定键完成定向。

3. 坐标测量

在待测点上立棱镜，将棱镜高报告给测站人员，输入为"棱镜高"。全站仪照准棱镜中心，按"测量"键，经短暂时间后，全站仪即可在屏幕上显示出待测点的坐标和高程。将该点结果抄录或保存后，即可进行下一个点的观测。

4. 注意事项

如果棱镜高度改变，应将新的棱镜高度输入到全站仪，否则高程结果产生错误。此外，定向完成后应首先观测定向点的坐标和高程，并与已知数据对照检查，确认设置测站和定向正确。最好能再检测另一个已知点，以确保无误。在观测过程中，每隔一定时间和观测了若干个点后，以及观测结束时，也应检测一次后视点。

5. 应交成果

实训结束时，每个小组提交附表 11 "全站仪坐标测量记录表"一份。

六、实训能力评价

本次实训学习坐标测量方法，其中难点是仪器坐标测量的定向操作，能够正确坐标测量即为合格。一般应在 15min 内完成全站仪的基本操作，包括对中、整平、设置参数、设置测站坐标、后视定向和坐标测量。熟练的测量人员在 5min 内可完成上述操作。

实训十二　全站仪导线测量

一、实训目的

1）了解导线测量的过程。
2）能进行导线外业观测。
3）能进行导线内业计算。

二、能力目标

1）掌握导线外业观测的方法。

2）掌握导线内业计算的方法。

三、背景资料

控制测量是精确地测定地面点的空间位置的工作，其目的是控制误差的积累和统一坐标系统。控制测量分为平面控制测量和高程控制测量，导线测量是平面控制测量的常用方法。导线测量是将选定的控制点连成一条折线，依次观测各转折角和各边长度，然后根据起始点坐标和起始边方位角，推算各导线点的坐标。

一般采用全站仪进行导线测量，其中用全站仪的测角功能进行水平角观测，用全站仪的测距功能进行水平距离观测。然后进行导线的内业计算，得到导线点的坐标。

四、仪器与工具

全站仪1台，棱镜1个及对中杆1付，测钎2根，测伞1把。

五、实训内容与步骤

1. 踏勘选点

根据测区现场情况，合理地选定导线点的位置，构成一条闭合导线，导线点应选在能安置仪器的地方，相邻点之间要通视。其中一个是已知坐标点，其他点是待定点，待定点数量在3个以上，导线点编号顺序宜逆时针方向。待定点需在地上做好标记。还需另外一个已知坐标点作为定向点。

2. 角度观测

用全站仪按测回法观测导线的每个转折角（内角），每个水平角观测一个测回。观测步骤是：在选定的导线控制点上，安置全站仪，在其相邻的导线上，插上测钎或花杆，按测回法观测水平角。观测数据记录在附表12-1"导线测量记录表"中。

如受地物限制，导线边长较短，应特别注意仪器和目标的对中。水平角应观测一个测回。若盘左、盘右测得角值的较差不超过±30″，则取其平均值作为一测回成果。除了观测转折角之外，还要观测第一条导线边与已知边之间的连接角。全部转折角之和与理论值之差（角度闭合差）不大于$\pm40\sqrt{n}''$（n为点数）。

3. 边长测量

每个测站上测完角度后，全站仪转换到测距状态，测量出该站上导线边的水平距离，每条边只需要进行往测，总线路相对误差不得大于1/2000。每站观测步骤如下：在测站上对中整平，在测边的另一端立棱镜，不用量仪器高和棱镜高。输入当时的大致温度、气压和棱镜常数。测量平距，记录在附表12-1"导线测量记录表"中的"水平距离"栏内。

4. 导线计算

根据已知点坐标和观测的水平角、水平距离，计算各导线点的坐标（x，y）。在附表12-2"导线计算表"中填写点号、已知点坐标、连接角、观测角和边长，然后进行计算。导线计算也可以用软件计算，如用智能手机使用GXJY电子表格闭合导线计算表计算。导线计算表会自动计算出各项数值，要求角度闭合差和相对闭合差的检核必须是"合格"，否则需重测角度或距离。

5. 注意事项

1）选点很重要，要保证相邻两点之间通视，并且这个点比较好测、好用。宜全部点选好后再开始测量，不要边测边选。选好点后画一个草图，编好点号，以利于后面的测量和计算。

2）角度测量时，除了观测每个转折角，还要观测已知方向与第一条边的夹角。边长测量时，只需要单向往测。

3）先进行角度检核，如不合格，就重测角度。角度合格后，在导线计算时进行坐标增量闭合差检核，即边长检核，如不合格，就重测边长，不需要重测角度。

6. 应交成果

实习结束后，每个小组提交附表 12-1"导线测量记录表"、附表 12-2"导线计算表"各一份。

六、实训能力评价

导线外业测量的工作过程比较多，观测工作量比较大，所需要的时间也比较多，而且需要小组成员配合良好。一般每个测站需要 30min 的时间，因此能在 2h 内完成一条 4 个点的导线观测，并且成果合格，则认为达到教学要求。导线内业计算也比较复杂，计算工作量较大，手工计算能在 2h 内完成，则认为达到教学要求，如用软件计算，则应在 20min 内完成。

实训十三　GNSS RTK 卫星定位测量

一、实训目的

1. 了解 GNSS RTK 接收机的按键功能，掌握电子手簿与接收机的连接方法。
2. 掌握 GNSS RTK 解算四参数的操作过程。
3. 掌握 GNSS RTK 测量点位坐标的方法。

二、能力目标

会 GNSS RTK 的操作和使用，能用 RTK 方法测量点位坐标。

三、背景资料

我国坚持科技是第一生产力，坚持科技自立自强，加快建设科技强国和航天强国，卫星导航取得重大成果，建成了北斗全球导航卫星系统。GNSS RTK 是指实时动态卫星定位测量，具有作业效率高、定位精度高，没有误差积累、全天候作业、不要求通视等优点，是工程测量的常用方法。实际工作中，GNSS RTK 测量有单基站 RTK 法和网络 RTK 法两种，其中单基站 RTK 法又按基准站与移动站的通信方式分为电台法和移动数据流量法两种。各院校可根据专业需要和实训条件选用不同的方法。下面以单基站电台通信 RTK 为例，说明实训的具体步骤和和方法。

四、仪器与工具

每个班从仪器室借领 GNSS RTK 基准站一台，包括主机、电台、天线、电池和脚架等，每个小组从仪器室借领 GNSS RTK 移动站一台，包括主机、电子手簿、对中杆等，自备记录笔和纸。

五、实训内容与步骤

1. 架设和设置基准站

架设和设置基准站全班统一进行。在任意点架设基准站、设置好基准站接收机工作模式和通信方式。打开一台电子手簿的配套软件、连接基准站、设置坐标系统参数、设置好基准站参数，使基准站发射差分信号。

2. 新建项目和求解转换参数

1）各小组新建一个项目，根据当地的经纬度和分带要求，确定中央子午线经度。连接移动站，设置移动站，使得移动站接收到基准站的差分数据，并得到固定解。

2）把移动站立到测区内两个已知点上，在有固定解状态下测量出这两个已知点的原始坐标（地心三维坐标）。根据已知点的已知平面直角坐标和测量出的原始坐标，求解出转换参数。

3. 测量点位坐标

1）先到另外一个已知点测量其坐标，与该点的已知坐标对比，检查是否正确。如无误即可进行其他点的测量。

2）在需要测量的点上竖立移动站接收机，待提示为固定解时，记录该点的坐标。

4. 数据格式转换和传输

1）观测完成后，将坐标数据在手簿中进行坐标格式转换，得到想要的坐标数据格式。

2）根据需要，将数据传输到计算机中，提供后续工作使用。

5. 注意事项

1）GNSS RTK 测量的前期工作比较多，包括基站设置和移动站设置，以及参数设置等，这些工作很多都在电子手簿上进行，小组每个成员都要进行操作练习。

2）测量时移动站对中杆要立直扶稳，要在有固定解状态下读取和记录点位坐标。

6. 应交成果

实训过程的有关数据和成果记录在附表 13 "GNSS RTK 测量实训记录表"中，实训结束时每个小组提交该记录表一份。

六、实训能力评价

本次实训的难点是转换参数的测量和解算，学生应在 10min 内完成转换参数的解算，否则说明没有掌握正确的方法。

实训十四　全站仪测图

一、实训目的

了解地形图测绘的原理，熟悉在一个测站用全站仪测图的步骤和方法，掌握选择地形特征点的要领。

二、能力目标

会用全站仪和三角板等仪器工具测绘地形图，完成一个测站的 1：500 地形图测绘。

三、背景资料

地形图是以图根点为测站，测定各地物、地貌特征点的平面位置和高程，按一定的比例缩绘到图纸上，并依相应的地物符号和地貌符号绘制成地形图。其中全站仪测图是常规的地面测图方式，考虑到现阶段以学习测量的基本原理和方法为主，实训用全站仪进行地形图碎部点的坐标和高程测量，绘图则用白纸手工绘图。

四、仪器与工具

全站仪 1 套，棱镜及对中杆 1 付，三角板 1 付，小钢卷尺 1 个，记录板 1 块，测伞 1 把。自备图纸（A2）、透明胶、记录表、橡皮、铅笔、计算器。

五、实训内容与步骤

1. 准备图纸和绘制坐标格网

准备一张 A2 大小的绘图白纸，用"对角线法"绘制坐标方格网，格网间隔为 10cm。检查合格后，在各格网线上标好坐标（西南角 x、y 坐标由指导教师指定）。比例尺是 1：500，图上每个格（10cm）的坐标增大 50m。

2. 地形图碎部测量

1）将全站仪安置在一个已知点上，对中整平，量仪器高。

2）设置参数，输入温度、气压和棱镜常数。

3）仪器切换到坐标测量模式，输入测站点坐标和高程、盘左后视瞄准另一个已知点，输入后视点坐标，按确定键完成定向。

4）输入后视点棱镜高，测量后视点坐标高程并检核，要求 x、y 偏差不超过 3cm，高程 H 偏差不超过 3cm。

5）在需要测量的地物或地貌的特征点上立棱镜，用全站仪测量出碎部点坐标并记录在附表 14 "全站仪测图记录表"中，同时记录该点的属性（例如是什么地物或地貌的点），并给出该点与其他点的关系草图。

6）根据所测特征点的坐标，确定该点所在的方格，读取方格左下角点的坐标，算出测点到方格左下角点的 x、y 坐标增量，以及该增量在图上的长度。然后用三角板在图上量出该增量值，绘出一个小点。此点即为所测特征点在图上的位置。然后在该点的旁边标上其高程。图上展点示意图如图 1-16 所示。

7）重复第 5、6 步，测出在该测站上需要观测的地物和地貌的特征点，并及时连线绘图。要求观测的地物有：建筑物、道路、停车场、广场、园林等，建筑物的层数、结构、阳台、外廊、天井要表示出来。

3. 注意事项

1）碎部点坐标和高程采用盘左观测即可。

2）注意当对中杆高度改变时，要在全站仪上输入新的棱镜高度。

图 1-16 图上展点示意图

3）已测绘的相关地物及地貌特征点应及时连线绘图，以防绘错。

4）测绘一定数量特征点后，应再次检查仪器定向精度，坐标和高差误差不应大于 3cm。

4. 应交成果

每个小组提交附表 14 "全站仪测图记录表" 和地形图一份。

六、实训能力评价

1）本次实训的难点是将地形特征点准确测绘到图纸上。

2）能在精度满足要求的前提下完成测图即为合格。

3）操作规范，组员之间配合默契，所用时间越少成绩越好。

实训十五　角度和距离测设

一、实训目的

1）掌握水平角度测设方法。

2）掌握水平距离测设方法。

二、能力目标

1）能用经纬仪进行设计水平角的测设。

2）能用钢尺进行设计水平距离的测设。

三、背景资料

角度测设和距离测设是测设的基本工作，是施工测量的主要内容，测量人员必须熟练掌握角度测设和距离测设，并在工作中灵活运用。

四、仪器与工具

电子经纬仪 1 台、30m 钢尺 1 把、测钎 3 根，自备油性笔一支、计算器、记录板。

五、实训内容与步骤

1. 测设任务

根据一条已知边 AB，测设一个如图 1-17 所示的矩形方框，其长、宽由教师指定，或根据实训场地的情况自行确定（这里假定长为 28.76m，宽为 12.48m）。

图 1-17　角度测设和距离测设示意图

2. 测设过程与方法

1）各小组在地面上任意定出 A、B 两点，使 AB = 28.76m，在地面上做出标志。

2）在 A 点安置经纬仪，以盘左瞄准 B 点，逆时针方向测设 90°，在此方向上用钢尺测设 12.48m 定出 D 点。将经纬仪设为盘右状态，同法再测设一次，若两点不重合且误差小于 5mm，取两点的中点作为 D 的最终位置，在地面上做出标志。

3）在 B 点安置经纬仪，以盘左瞄准 A 点，顺时针方向测设 90°，在此方向上用钢尺测设 12.48m 定出 C 点。将经纬仪设为盘右状态，同法再测设一次，若两点不重合且误差小于 5mm，取两点的中点作为 C 的最终位置，在地面上做出标志。

3. 测设成果检核

用钢尺量取 CD 的长度，相对误差应小于 1/2000；用经纬仪测 ∠C、∠D 一个测回，与 90°相差应小于 60″。检核结果记录在附表 15 "角度和距离测设检核记录表"。

4. 注意事项

1）角度测设时，应尽量以长边为基准边，避免用短边测设长边方向。为了提高测设精度，可分别用盘左和盘右进行角度测设，取其中点。

2）距离测设时应将钢尺拉平和拉直，并注意尺头的起点位置。

5. 应交成果

实训结束时，每个小组提交附表 15 "角度和距离测设检核记录表"一份。

六、实训能力评价

1）本次实训的难点是角度与距离测设中的配合。

2）能在精度满足要求的前提下完成一栋矩形建筑的角度和距离的测设即为合格。

3）操作规范，组员之间配合默契，所用时间越少成绩越好，首次实训时间为 2 学时。

实训十六　高程测设

一、实训目的

掌握高程测设的方法。

二、能力目标

能用水准仪进行设计高程的测设。

三、背景资料

高程测设是测设的基本工作，是施工测量的主要内容，测量人员必须熟练掌握高程测设的方法，并在工作中灵活运用。

四、仪器与工具

水准仪 1 套，水准标尺 1 把，自备油性笔一支、计算器、记录板。

五、实训内容与步骤

1. 测设任务

根据已知高程点和设计高程，用水准仪将设计高程标定在指定的地物上（如墙、柱、杆、桩等），已知点高程 H_0 和设计高程 H_P 由教师给定或由学生假定。

2. 测设步骤

1）在与已知点和待测设高程地物距离基本相等的地方安置水准仪，在已知点上立标尺，后视标尺，调节微倾螺旋使长水准管气泡居中，读后视读数 a，计算仪器视线高程 $H_i = H_0 + a$。

2）在待测设高程的地物侧面立标尺，前视该标尺，调长水准管气泡居中，上下慢慢移动标尺，当前视读数为 $b = H_i - H_P$ 时，用铅笔沿标尺底部在地物上画一条线，该线条的高程即为测设高程。

用同样的方法测设下一个设计高程点，每个同学完成一个设计高程点的测设。

3. 成果检核

分别在水准点和刚才测设的线条处立标尺，用水准测量法观测两者之间的高差，与设计高差（$H_P - H_0$）相比，误差应 ≤±5mm。此外，用钢尺量取任意两个测设高程点的间距，与两点的设计高程之差相比，误差应 ≤±3mm。

检查结果记录在附表 16 "高程测设计算与检核记录表"。

4. 注意事项

高程测设时采用视线高法计算，可提高计算效率。

5. 应交成果

实训结束时，每个小组提交附表 16 "高程测设计算与检核记录表"一份。

六、实训能力评价

1）本次实训的难点是高程测设中前视读数的计算。

2）能在精度满足要求的前提下完成高程的测设即为合格。

3）操作规范，组员之间配合默契，所用时间越少成绩越好，首次实训时间为 1 学时。

实训十七　全站仪极坐标法测设

一、实训目的

熟悉用全站仪按极坐标法测设点位的方法。

二、能力目标

能用全站仪按极坐标法测设点的平面位置

三、背景资料

在确定建筑物和构筑物的平面位置时，通常是将主要点的设计坐标（x，y）的实际位置在现场测设出来。在测设点位的基本方法中，极坐标法是最常用的。极坐标法是根据一个水平角和一段水平距离测设点的平面位置，利用全站仪按极坐标法测设点位很方便，只需输入已知点的坐标和待放样点的坐标，仪器可自动计算出有关的角度和距离，并在测设时将角度差值和距离差值显示出来，用以指导移动棱镜到设计点位上。

四、仪器与工具

全站仪 1 台、棱镜对中杆 1 根，木桩 4 个，铁钉 4 个，油性笔一支。

五、实训内容与步骤

1. 测设任务

如图 1-18 所示，M、N 为控制点，其坐标已知，A、B、C、D 为待定位建筑物的四个大角的主轴线交点，其坐标由教师指定。

2. 测设步骤

1）安置全站仪。在 M 点安置全站仪，对中整平，开机，输入温度和气压，将测量模式切换到"坐标测量"或者"放样"。

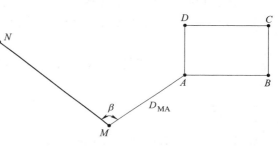

图 1-18　极坐标法测设示意图

2）设置测站和定向。先设置测站，输入 M 点坐标作为测站坐标。然后进行定向，照准另一个控制点 N，输入其坐标作为后视点坐标，进行定向。测量 N 点的坐标进行检核。

3）输入放样点坐标。将测量模式切换到"放样"，输入放样点 A 的 x、y 坐标，全站仪自动计算测站至该点的方位角和水平距离。

4）测设方向。按"角度"对应功能键，屏幕上即显示出当前视线方向与设计方向之间的水平夹角，转动照准部，当该夹角接近 $0°$ 时，制动照准部，转动水平微动螺旋使夹角为 $0°00'00''$，此时视线方向即为设计方向。指挥反光镜立于视线方向上。

5）测设距离。当反光镜立于视线方向上，按"距离"对应功能键，全站仪即测量出测站至反光镜的水平距离，并计算出该距离与设计距离的差值，在屏幕上显示出来。观测员通过持镜员按此数据往近处或远处移动反光镜，并立于全站仪望远镜视线方向上，然后观测员按"距离"键重新观测。如此反复趋近，直至距离偏差值接近 0 时定点。

A 点放样完成后，按"继续"键，然后重复 3）~5）步操作，依次放样 B、C、D 点。

3. 检查精度

在 A、B、C、D 点安置全站仪，检测水平角，与 $90°$ 之差应小于 $1'$；用钢尺丈量四条边的水平距离，边长相对误差应小于 1/2000。

4. 注意事项

1）平面点位测设不需要高程，因此可以不输入与高程相关的数据。

2）定向工作对测设点位的精度关系较大，在同等点位精度等级的情况下，宜选用较远的控制点作为定向点。

3）定向完成后一定要测量定向点的坐标进行检查，最后再检查另一个控制点的坐标。检查合格后，再进行放样点的测设。

4）全部放样点测设完成后，要根据点的几何关系如角度和距离等，现场用测量仪器检查是否正确。

5. 应交成果

上述测设过程中的数据和检核结果记录在附表 17 "全站仪极坐标法测设建筑物的计算与检核表"，实训结束时每小组上交该表一份。

六、实训能力评价

1）本次实训的难点一是全站仪后视定向和检查，二是放样点的测设。

2）能在精度满足要求的前提下完成四个点的测设即为合格。

3）操作规范，组员之间配合默契，所用时间越少成绩越好，首次实训时间为 2 学时。

实训十八　GNSS RTK 测设点和直线

一、实训目的

1. 掌握 GNSS RTK 测设点位的方法。

2. 掌握 GNSS RTK 测设直线的方法。

二、能力目标

能用 GNSS RTK 进行点位和直线的测设。

三、背景资料

GNSS RTK 测设是用 GNSS RTK 测量仪器把设计图上待放样的点在实地上标定出来。采用 RTK 测设方法，只要放样区域比较开阔，放样点与控制点不需要通视，放样速度快，精度可靠，目前在工程施工的放样中得到广泛应用。与全站仪按极坐标法测设相比，GNSS RTK 测设时由于能实时显示接收机所在位置的坐标，以及与设计坐标的差值，并在电子手簿上用图示的方式显示出来，因此测设工作更为直观方便。在放样直线和曲线时，这个好处更加明显。考虑到建筑工程常见的是点和直线的测设，本实训以点和直线的测设为例。

GNSS RTK 测设与 GNSS RTK 测量一样，其具体作业方式有单基站 RTK 法和网络 RTK 法两种，其中单基站 RTK 法又按基准站与移动站的通信方式分为电台法和移动数据流量法两种。各院校可根据专业和实训条件选用不同的方法。下面以单基站电台通信 RTK 为例，说明 GNSS RTK 测设的具体步骤和方法。

四、仪器与工具

每个班从仪器室借领 GNSS RTK 基准站一台，包括主机、电台、天线、电池和脚架等，每个小组从仪器室借领 GNSS RTK 移动站一台，包括主机、电子手簿，对中杆等，自备记录笔和纸。

五、实训内容与步骤

1. 架设和设置基准站

架设和设置基准站全班统一进行。在任意点架设基准站、设置好基准站接收机工作模式和通信方式。打开一台电子手簿的配套软件、连接基准站、设置坐标系统参数、设置好基准站参数，使基准站发射差分信号。

2. 新建项目和求解转换参数

1）各小组新建一个项目，根据当地的经纬度和分带要求，确定中央子午线经度。连接移动站，设置移动站，使得移动站接收到基准站的差分数据，并得到固定解。

2）把移动站立到测区内两个已知点上，在有固定解状态下测量出这两个已知点的原始坐标（地心三维坐标）。根据已知点的已知平面直角坐标和测量出的原始坐标，求解出转换参数。

3. 检核测量

到另外一个已知点测量其坐标，与该点的已知坐标对比，检查是否正确。如无误才可进行测设工作。

4. 测设点位和直线

（1）测设点位　电子手簿上进入"点放样"界面，输入放样点坐标，在放样界面上，根据电子手簿上提示的坐标差和位置差，移动接收机对中杆，当在固定解状态和精度符合要求的情况下，差值接近零时，在地面上定点，即完成该点的测设，同理测设其他点。

（2）测设直线　电子手簿上进入"线放样"界面，再进入"直线"界面。输入待放样直线两个端点的坐标，在放样界面上，根据电子手簿上提示的当面位置与直线的距离差，移动接收机对中杆，当在固定解状态和精度符合要求的情况下，差值接近零时，在地面上定点，即完成直线上一个点的测设，同理测设直线上的其他点。

5. 注意事项

1）GNSS RTK 测设与测量的前期工作相同，都需要进行基站设置和移动站设置，以及参数设置等，并利用已知点进行检核。

2）测设时注意观察电子手簿上的实时动态图形，还可利用声音提示，提高测设速度。要在有固定解状态下进行测设。

3）测设设计点位和直线上的点后，应利用其几何关系进行检核，确认测设正确。

6. 应交成果

实训过程的有关数据和成果记录在附表 18 "GNSS RTK 测设实训记录表"中，实训结束时每个小组提交该记录表一份。

六、实训能力评价

本次实训的难点是转换参数的测量和解算，以及准确测设定点。学生应在 2 学时中完成规定的测设任务。

第二部分

建筑工程测量综合实训

一、实训目的与内容

建筑工程测量综合实训是学生在第一阶段学习（课堂教学与课间单项测量实训）之后的延续和提高，是教学的重要组成部分。本阶段进行集中的测量综合实训，模拟完成一个场区内建筑工程测量典型项目的有关工作，目的是使学生巩固第一阶段所学的测量知识和技能，更熟练地操作测量仪器完成测量工作，并对整个测量工作的内容、过程和方法有全面的了解。同时在这个过程中，提高独立思考和解决实际问题的能力。建筑工程测量综合实训分组进行，每个小组 4~6 人，各小组的每个成员应互相配合，轮流操作、计算和绘图，共同完成实训任务。实训的内容及时间安排见表 2-1。

表 2-1　综合测量实训的内容及时间安排表

工作项目	工作子项目	工作任务	时间
一个场区内的建筑工程测量	准备工作	了解工作任务、内容和要求，准备仪器、熟悉资料、熟悉场地、制定测量方案	0.5d
	控制测量	踏勘选点，高程控制测量（水准测量和高程计算），平面控制测量（导线测量和坐标计算）	3.5d
	地形图测绘	绘制坐标格网和展绘控制点，全站仪碎部点坐标和高程测量、图上展点和绘制地形图	3d
	建筑施工测量	图上布置建筑物并求出其设计坐标，全站仪测设建筑物的平面位置，细部轴线放样，轴线竖向投测，水准仪测设高程，标高竖向传递，道路圆曲线测设	2d
	操作考核及总结	个人操作考核和实习总结，小组实习资料整理和上交，测量仪器工具归还	1d
合计			10d（两周）

实训的具体工作内容、时间安排和使用的仪器设备，各院校和专业可根据自己的情况和要求进行调整，所需的记录计算表格见本书附表。

二、实训项目与任务

实训项目包括准备工作、控制测量、地形图测绘和建筑施工测量几个子项目，每个子项目又包含若干个具体的工作任务。

1. 准备工作

测量前的准备工作，包括了解工作任务、内容和要求，准备仪器、熟悉资料、熟悉场地、制定测量方案等，各实习小组和学生要认真做好各项准备工作。

2. 控制测量

根据测区现场实际情况选定图根控制点，形成闭合路线，分别开展高程控制测量和平面控制测量，具体包括水准测量和高程计算、导线测量和坐标计算等工作。要求：

1）水准测量用自动安平水准仪按闭合水准路线施测，其闭合差容许值不大于 $\pm 12\sqrt{n}\,\mathrm{mm}$（其中 n 为测站数）；高程计算按测站比例进行改正数计算。

2）导线测量用电子经纬仪或全站仪按测回法观测导线的每个转折角和连接角，其中盘左和盘右的半测回角值差值应小于 $\pm 30''$，导线角度闭合差不大于 $\pm 60\sqrt{n}''$（其中 n 为测站数）；用全站仪测量每条导线边的水平距离，总线路长度相对误差不大于 1/3000。导线坐标计算按测站比例进行角度改正数计算，按边长比例进行坐标增量改正数计算。

3. 地形图测绘

在完成图根控制测量的基础上，用全站仪测绘场地地形图，比例尺为 1∶500，图幅大小为 40cm×40cm，内容包括测区范围内的地物与地貌。

4. 建筑施工测量

在测绘好的地形图上布置设计一栋建筑物，并求出其定位点的设计坐标，在控制点上用全站仪按极坐标法测设建筑物的平面位置，其四大角点的角度误差均应小于 60″，边长相对误差应小于 1/2000。此外进行细部轴线放样，用激光铅垂仪进行轴线竖向投测，用水准仪进行高程测设，用钢尺和水准仪进行高程竖向传递，最后进行附属道路的圆曲线测设。

三、实训仪器与工具

1. 从仪器室借领的仪器工具

每个小组从仪器室借领自动安平水准仪一台、水准标尺两把、尺垫两个、电子经纬仪一台、测钎两根、全站仪一台、棱镜及对中杆和支架一个、30m 或 50m 钢卷尺一把、2m 小钢尺一把、测伞一把、小平板及脚架一副。

2. 自备文具

每个小组自行准备 A2 绘图纸一张、丁字尺一把、三角板一付、木桩和钢钉若干、油性笔一支、记录板一个、实习报告与记录一本、计算器一个。

四、实训步骤与方法

（一）准备工作

本阶段进行一个场区内建筑工程项目的综合测量实训，实训分组进行。在测量之前，每个小组都要准备好测量仪器和工具，做好人员安排，熟悉有关资料和要求，熟悉场地，制定切实可行的测量方案。

（二）控制测量

1. 踏勘选点

根据测图的需要和测区的具体情况，在现场选定控制点。控制点应选在视野开阔、安全、易保存、人流较少的地方，相邻点之间要通视。若所选的点位于松软地面上，需打上木桩和铁钉，若在坚实地面上可用油性笔画上标志和编号。

所选控制点应构成一条闭合路线，这些点水准测量和导线测量共用，测量完后这些点既有坐标又有高程，作为后续地形图测绘和建筑施工测量的控制点。选点时，起始点必须是已知坐标（x、y）和高程（H）的点，作为水准测量和导线测量的起算点。另外还应再选定一个与起始点通视的已知点，作为导线测量的起算方向。

踏勘选点工作很重要，选定的点与后面的所有测量工作有关，不能再变，因此选点时小组的全体成员都要参加，认真选点。要保证相邻两点之间通视，并且这个点能安置仪器，便于作为测站观测其他点，也便于作为目标瞄准。

要全部点选好后再开始测量，不要边测量边选点，或者边选点边测量。选好点后绘一个草图，草图按上北下南的朝向，编好点号，以免测量和计算错乱。地面上的点也要做好记号，以免用错或丢失。

2. 水准测量和高程计算

1）在水准路线的起始点上立一把水准标尺（后尺），在前进方向的下一个点上立另一把水准标尺（前尺），在离两把标尺距离基本相等的地方安置水准仪，粗略整平，分别瞄准后尺和前尺，读数并记录在附表 2-1"水准测量记录手簿"中，并计算该测站两点间的高差。

2）确认无误后，将后尺迁到再下一个点作为前尺，而原前尺不动作为后尺，仪器搬到两尺中间位置，进行第二站观测。以同样方法依次进行各站观测，直到最后回到起始点。

3）观测完成后，各站高差的计算也同时完成，此时要进行计算检核，即：后视读数总和-前视读数总和=高差总和。计算闭合差及限差，各测站观测高差之和（即高程闭合差）不得大于 $\pm 12\sqrt{n}$（mm）。超限者返工重测，重测应在分析原因后从最易出错地方测起，每重测一站便计算一次闭合差，若不超限即可停止重测。

4）在附表 2-2"水准测量成果计算表"中，用高差数据进行闭合差的分配（按测站数平均分配），计算改正后高差，最后计算出各控制点的高程。

3. 导线测量和坐标计算

（1）水平角观测 用电子经纬仪或全站仪按测回法观测导线的每个转折角（内角），每个水平角观测一个测回。在选定的导线控制点上安置经纬仪，在其相邻的导线上插上测钎或对中杆，按以下方法观测（以图 2-1 的点 2 为例）：

在 2 号点上安置电子经纬仪，对中整平。盘左瞄准 1 号点，置水平度盘读数为 0，读水平度盘读数并记录在附表 12-1"导线测量记录表"。再瞄准 3 号点，读水平度盘读数并记录下来。然后盘右分别瞄准 3 号点和 1 号点，读数并记录。

图 2-1 闭合导线布设示意图

上述过程为一测回。分别计算盘左和盘右的半测回角值，差值应小于 $\pm 30''$，超限就重测，直到满足精度要求，方可进行下一站的观测。全部转折角之和与理论值之差（角度闭合差）不大于 $\pm 60\sqrt{n}''$（n 为点数）。

除了观测转折角之外，还需在起始点上观测已知方位边与第一条导线边之间的"连接角"，例如图 2-1 中的 $\angle BA1$ 为连接角，观测方法与转折角观测相同。

（2）水平距离观测 导线边的水平距离用全站仪测量，由于全站仪精度很高，每条边只需要观测一次，因此可隔点设站观测，例如，在 2 号点观测 2-1 边和 2-3 边，搬站到 4 号点观测 4-3 边和 4-A 边，如此类推。每个测站的具体操作步骤如下：

1）在测站上安置全站仪，对中整平，在所测导线边的另一端立棱镜。

2）开机，输入棱镜常数和当时的大致温度，气压用默认或输入 1000hPa。

3）照准棱镜，按测距键，显示并记录平距。

全站仪测距的结果记录在附表 12-1"导线测量记录表"中的"水平距离"栏，注意记录位置要与导线边点号对应起来。如果是用全站仪测角，则该站测角完成后，可直接进行水平距离观测和记录。

（3）导线坐标计算　导线计算可以用软件计算，也可以手工计算。手工计算方法如下：

1）绘制导线草图，将点名、已知数据、观测角和边长标在图上相应的位置。

2）在附表12-2"导线计算表"中填写已知数据、观测角和观测边长。

3）计算角度闭合差及其容许误差，容许误差按$\pm 60\sqrt{n}''$（n为点数）计算。若角度闭合差超限，分析原因后重测有关转折角；若合格，将角度闭合差反号后平均分配到各角上。

4）方位角推算，先根据起始点和定向点的已知坐标反算坐标方位角，再根据连接角的观测值，求取闭合导线第一条边的方位角，然后根据第一条边的方位角和各个改正后转折角，按方位角推算公式，依次计算各边坐标方位角，注意"左+右-"或"顺+逆-"。

5）坐标增量计算，根据各边坐标方位角和实测边长，按坐标正算公式计算相应边的坐标增量。

6）坐标闭合差及容许误差计算，容许误差为1/2000，若坐标闭合差超限，分析原因后重测有关边长；若合格，将坐标闭合差反符号后按边长比例分配到各边上。

7）坐标推算，根据起始点坐标和改正后的坐标增量，逐点计算各导线点的坐标。

（三）地形图测绘

1. 绘制坐标格网和展绘控制点

根据40cm×40cm的图幅大小准备一张绘图白纸（A2以上），用透明胶粘贴在图板上，用"对角线法"绘制坐标方格网，格网间隔为10cm。检查合格后，在各格网线上标好坐标值。测图比例尺1：500，格网线西南角的坐标应位于测区的西南角，使测绘范围落在图幅里面。西南角的坐标可由指导教师指定。

根据坐标格网和导线点的平面坐标，将各导线点展绘到图纸上，检查无误后标上导线点的编号和高程。

2. 全站仪测图

以前面测出的控制点为测站和定向点，用全站仪测量出测图范围内的地物和地貌特征点的坐标和高程，将这些点在绘制了坐标格网和控制点的图纸上展绘出来，并标上高程，然后绘制成地形图，这个工作称为地形图碎部测量。

为了完成指定范围内的测图工作，需要在多个控制点安置全站仪进行碎部测量工作，测站的顺序没有要求，但要求在每个测站上把所有内容都测完，做到"站站清"，以提高工作效率。另外，在碎部测量时应边测边绘，并与实地对照，避免出错。下面是一个测站上碎部测量的步骤与方法：

（1）安置仪器　将全站仪安置在一个图根控制点上，对中整平，量仪器高，在附近安放图板和图纸，图纸的北方向与实地基本一致。

（2）测站设置　在全站仪上输入棱镜常数、温度和气压，进入坐标测量模式，进行测站设置，输入该控制点的坐标和高程，以及仪器高。

（3）定向设置　全站仪进入定向设置，盘左瞄准另一个控制点上的对中杆，输入该点坐标，按确定键完成定向。

（4）检核测量　为了检查测站设置和定向设置是否正确，全站仪进行坐标测量模式，瞄准定向点的棱镜，输入棱镜高，按测量键，显示定向点的坐标和高程，偏差均不应大于5cm。也可瞄准另一个控制点进行检核测量。

（5）立镜观测　在需要测绘的地物或地貌的特征点上立棱镜，全站仪瞄准棱镜中心，在坐标测量模式下按测量键，测出该点的坐标和高程。如果棱镜高度有变化，应输入新的棱镜高度，否则高程不正确。

（6）记录和绘草图　在附表14"全站仪测图记录表"中，记录该点的点号、镜高、坐标和高程。为了在绘图时知道该点是什么地物和地貌，应在"点位说明"栏里加以说明；为了知道该点与其他点是什么连接关系，应在"草图"栏里绘出示意图。

（7）展点绘图　根据图纸方格网的坐标值，以及测点的坐标值，用三角板将该点展绘到图纸上。然后在该点的右侧标上该点的高程，要求字头向北。在图上定出特征点后，应根据该点与其他点的关系，立即绘出图形，需要绘等高线时，也应在现场绘出。

重复上述工作，测出在该测站上能看到的所有地物和地貌的特征点，并及时连线绘图。要求观测的地物有：建筑物、道路、运动场地、园林景点、台阶、陡坎、挡土墙、电杆、路灯、树木等，建筑物的层数、结构、阳台、外廊、天井要表示出来。一些不便实测的地物，或者比较次要的地物，可以用钢尺现场量取尺寸，然后再根据几何关系绘出图形。

（8）地形图整饰　按规定的图式（包括符号和文字注记）对图面内容进行整理修饰，使地形图完整、准确、清晰、美观，要求线条光滑，细而实。图上的文字标注一般为3.0mm 高，内图廓外 12mm 再加一个外图廓（线粗约 0.5mm）。

（9）增补测站点　如果已有导线控制点不能完全满足测图的需要，可以用支点的方法增补测站点，即在需要增补测站的位置立棱镜，全站仪测量其坐标与高程。使用该点测图前，要注意复核无误。

（四）建筑施工测量

1. 全站仪极坐标法测设建筑物

（1）在图上布置建筑物并量测其定位设计坐标　将一栋矩形建筑物绘到完成的地形图上合适的位置，在图上求取建筑物四大角的设计坐标。为方便起见，可将建筑物按正南北朝向布置，如图 2-2 所示，先量取 A 点至邻近坐标格网点的图上距离，根据如下公式计算 A 点坐标：

$$\begin{cases} x_A = x_d + M \cdot d_x \\ y_A = y_d + M \cdot d_y \end{cases}$$

式中　M 为比例尺分母，x_d 和 y_d 为邻近坐标格网点的坐标，d_x 和 d_y 为 A 点到邻近坐标格网线的图上距离。该矩形的其他三个点 B、C、D 的设计坐标可由 A 点坐标和矩形的长宽计算得到。

例如，如图 2-2 所示，建筑物的长为 a，宽度为 b，则有：

$$\begin{cases} x_B = x_A \\ y_B = y_A + a \end{cases} \quad \begin{cases} x_C = x_A + b \\ y_C = y_A + a \end{cases} \quad \begin{cases} x_D = x_A + b \\ y_D = y_A \end{cases}$$

（2）全站仪极坐标法测设建筑物

① 安置全站仪。如图 2-2 所示，在 M 点安置全站仪，对中整平，开机自检并初始化，输入当时的温度和气压，将测量模式切换到"放样"。

② 设置测站和定向。输入 M 点坐标作为测站坐标，后视照准另一个控制点 N，输入 N 点坐标作为后视点坐标，进行定向。测量 N 点和其他导线点的坐标作为检核。

③ 输入设计坐标和旋转到设计方向。将测量模式切换到"放样"，输入放样点 A 的 x、y 坐标，转动照准部，使实际方位角与设计方位角的夹角为 $0°00'00''$。

④ 测距和调整反光镜位置。指挥反光镜立于视线方向上，按"距离"对应功能链，全站仪显示实际距离与设计距离的差值，持镜员按此数据前后移动反光镜，直至距离偏差值接近 0，此时在地面上定出 A 点。

在同一测站上用同样的方法继续测设 B、C、D 等其他放样点。

图 2-2　极坐标法测设建筑物示意图

（3）检查角度和边长　用钢尺丈量 AB、BC、CD、DA 的边长，边长误差应小于 ±10mm；用经纬仪或全站仪测量 A、B、C、D 的角度，其与 90°之差应小于 1′。

上述测设与检查的结果记录在附表 17 "全站仪极坐标法测设建筑物与检核表"中。

2. 建筑细部轴线放样

根据已测设的建筑物定位点，测设主轴线上的各次要轴线交点，并测设主轴线控制桩。例如，若设计建筑物的总长为 28.80m，长轴上的次要轴线点间距为 7.2m，总宽度为 12.80m，短轴上的次要轴线点间距为 6.4m，如图 2-3 所示。具体测设步骤与方法如下：

（1）主轴线交点的微调　全站仪按极坐标法测设的四个主轴线交点，其角度和距离经检测误差在允许范围之内，为使后续的轴线间距测量准确，应先对主轴线交点的位置进行微调，使其距离与设计的总长相同，角度是直角。

通常以其中的一条轴为准进行微调，例如在 A 点安置经纬仪，照准 AB 方向，沿此视线测设水平距离 28.80m，定点得 B 点。逆时针测设 90°，测设水平距离 12.80m，得 D 点；在 B 点安置经纬仪，照准 A 点，顺时针测设 90°，测设水平距离 12.80m，定点得 C 点。用钢尺丈量距离 CD，边长误差应小于 ±5mm，然后根据实际边长误差，在长轴方向上调整 C、D 点的位置，消除边长误差。

图 2-3　建筑细部轴线和引桩测设示意图

（2）测设各次要轴线交点　调整好点位使四大角和边长合格后，将经纬仪分别安置在 A 点和 C 点，分别照准轴线的另一个端点，在经纬仪定出的主轴线方向上，根据各次要轴线的间距，依次定出各次要轴线与主轴线的交点，如图2-3所示。

（3）测设轴线控制桩　在测设各次要轴线交点时，用正镜法或倒镜法将轴线延长到开挖范围以外（例如主轴线以外2m）定点，倒镜法时，请用盘左和盘右各做一次，定出两点后取其中点，以消除仪器轴系误差。

3. 激光垂准仪轴线竖向投测

（1）对中整平　在第一层地面建筑主轴线的平行线交点上安置激光垂准仪，对中整平。对中器一般是激光的，打开激光对中器开关，便有红色的激光束通过对中器往下射到地面上，调节对中器物镜螺旋使激光束聚焦成一个清晰的亮点，对中时使其对准地面的标志点。激光垂准仪对中整平的具体方法与经纬仪相同。

（2）照准激光接收靶　在施工楼层的预留孔洞上安放激光接收靶，打开激光垂准仪上的"投点"按钮，红色的激光束便通过投点物镜往上射到激光接收靶，调节物镜螺旋，使靶上的光斑成像清晰。

（3）投测定点　旋转照准部360°，观察投点光斑偏离情况，如有偏离，取投点圆圈的中点作为最后投点。用交叉细绳将该点引测到预留孔洞周围的地面上，取下激光接收靶，换上一块木板并固定在预留孔洞上，然后根据四周的投点，在木板上弹出交叉线，其交点即为所投测的轴线点。

如果没有预留孔洞建筑实训场地，可在楼梯间或者阳台处进行练习。

4. 建筑高程测设

1）确定设计高程。在已测设的建筑物附近，选定待测设高程的地物（如墙、柱、杆、桩等），先以本组的导线点作为已知高程点，用水准仪测量该地物所在地面的高程。然后确定建筑物±0.000m的设计高程H_P，设计高程宜为高出地面0.2～0.5m。建筑物±0.000m的设计高程也可由指导教师指定。

2）在与已知高程点和待测设高程点距离基本相等的地方安置水准仪，粗略整平，在已知高程点（设高程为H_0）上立标尺，后视标尺，读后视读数a，计算仪器视线高程$H_i = H_0 + a$。

3）在待测设高程的地物侧面立标尺，前视该标尺，上下慢慢移动标尺，当前视读数为$b = H_i - H_P$时，用油性笔沿标尺底部在地物上画一条线，该线对应的高程即为建筑物±0.000m的设计高程。

4）分别在水准点和刚才测设的线条处立标尺，用水准仪观测线条的高程，与设计高程相比，误差应≤±5mm。

建筑±0.000m的设计高程测设的记录和计算在附表19"测设建筑标高记录及计算表"进行。

5. 钢尺水准仪高程竖向传递

（1）测设建筑物第一层+50cm标高线　用水准仪以前面测设的建筑物±0.000m设计高程标志线为后视，在待竖向传递高程的建筑物外墙上，测设高于±0.000m标高线50cm的标高线，+50cm标高线应在建筑物不同的位置测设三处。

（2）沿建筑物外墙往上量距　用钢尺从第一层+50cm标高线直接往上量取一定的距离h，到达建筑某楼层的外墙面，在墙面上绘出标高线，则该处高程为0.5m+h。对应三处不同的+50cm标高线，楼层上外墙面的标高线也应投测三处。

（3）复核楼层外墙标高线　在该楼层上安置水准仪，后视三处投测上来的标高线，如果读数偏差小于3mm，说明高程传递正确。取三个后视读数的平均数作为后视读数结果 a_0，则此时水准仪视线高为 $0.5m+h+a_0$。

（4）测设楼层的+50cm标高线　设该楼层的设计标高为 H，则该楼层+50cm标高线的设计标高为 $H+0.5m$，则前尺应有读数为：

$$b_0 = 0.5 + h + a_0 - (H + 0.5) = h + a_0 - H$$

在需要测设的物体处上下移动标尺，当其读数为 b_0 时，在尺底画线，即得到该楼层的+50cm标高线。

本实训的记录和计算在附表19"测设建筑标高记录及计算表"进行。

6. 圆曲线测设

圆曲线测设是建筑附属道路工程的中线测量工作，各院校和专业可根据情况选做。如图2-4所示，根据指导教师给定的圆曲线偏角、半径、交点桩号、交点坐标（JD_1、JD_2），计算曲线各主点和细部点的坐标。其中细部点间距取20m整桩，计算过程如下，计算数据记录在附表20"圆曲线测设数据计算表"中。

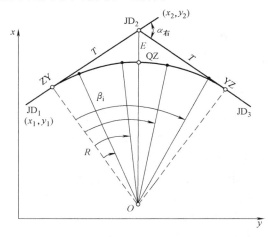

图2-4　圆曲线测设示意图

1）根据偏角和半径，计算切线长 T、曲线长 L、外距 E 和切曲差 D，再根据交点 JD_2 的桩号，计算曲线三个主点的桩号，计算公式见教材有关内容。

2）根据两个交点的坐标，计算曲线主点的坐标和细部桩点的坐标。

①　计算直圆点（ZY）坐标。根据 JD_1 和 JD_2 的坐标（x_1，y_1）、（x_2，y_2），用坐标反算公式计算第一条切线的方位角 α_{2-1} 和 ZY 点坐标（x_{ZY}，y_{ZY}）。

$$\alpha_{2-1} = \arctan \frac{y_1 - y_2}{x_1 - x_2}$$

$$x_{ZY} = x_2 + T\cos\alpha_{2-1}$$

$$y_{ZY} = y_2 + T\sin\alpha_{2-1}$$

②　计算圆心坐标。因 ZY 点至圆心方向与切线方向垂直，其方位角 α_{2-1} 为

$$\alpha_{ZY-O} = \alpha_{2-1} \pm 90°$$

上式中的"±"规律是：当偏角为右偏时，取"−"；偏角为左偏时，取"+"。则圆心坐标（x_O，y_O）为

$$x_O = x_{ZY} + R\cos\alpha_{ZY-O}$$

$$y_O = y_{ZY} + R\sin\alpha_{ZY-O}$$

③　计算圆心至各细部点（和主点）的方位角。设曲线上某细部点的里程桩号为 K_i，ZY 点的里程为 K_{ZY}，则 ZY 点至曲线上某细部里程桩点的弧长 l_i 为

$$l_i = K_i - K_{ZY}$$

其所对应的圆心角 β_i 按下式计算得到

$$\beta_i = \frac{l_i}{R} \cdot \frac{180}{\pi}$$

则圆心至各细部点的方位角 α_i 为

$$\alpha_i = (\alpha_{ZY-O} + 180°) \pm \beta_i$$

上式中的"$\pm$"规律是：当偏角为右偏时，取"$+$"；偏角为左偏时，取"$-$"。

④ 计算各细部点（和主点）的坐标。根据圆心至细部点的方位角和半径，可计算细部点坐标

$$x_i = x_0 + R\cos\alpha_i$$
$$y_i = y_0 + R\sin\alpha_i$$

3）用全站仪按极坐标法测设线路主点和细部中桩。

上述曲线各点的坐标也可用软件进行计算，与手工计算对照检查计算是否正确。

五、实训能力评价

本综合实训需要 4 人以上合作完成，是团队合作的成果，要注意每人轮流操作仪器、立尺、记录计算，使各项能力得到提高。实训的难点是各种仪器的对中、整平、读数和内业计算。需要正确操作仪器，正确读数，正确立尺、立镜，会计算高差、高程、平距、坐标正反算和导线计算等；会展点绘图，掌握地物地貌特征点的选择与取舍，测量成果符合精度要求；会测设的数据计算，会测设的具体操作，会测设成果的检核。

为了更好地检查学生操作能力的水平，在本次实训结束前进行一次测量技能操作考核，每位同学在规定的时间内完成某个测量任务，例如水准测量、水平角观测或全站仪坐标测量等，要求熟练掌握仪器的操作使用，测量成果在规定误差范围内。根据完成的速度和成果的精确度评定考核成绩。最后，每位同学完成一份综合测量实训总结。

学生应在 10d 内完成整个测量任务，并且测量成果合格，即可认为具备建筑工程测量的基本能力，成为一名合格的测量人员。优秀的测量人员一般在 5d 内即可完成上述工作。

第三部分

中级测量放线工
职业技能岗位
资料

测量放线是建筑工程施工必不可少的重要工作，因此，从事测量放线的人员是建筑工程项目人员的重要组成部分。根据2017年12月公布的《住房城乡建设行业职业工种目录》，测量放线工（代码300）是目录上的职业工种之一，体现了测量放线人员的重要性。

根据住房和城乡建设部"测量放线工职业技能岗位标准"，测量放线工分为初级、中级和高级三个等级，不同等级对测量知识与技能的要求以及相关土建专业素质有不同的要求。高职土建类专业学生经过"建筑工程测量"课程的学习，以及本专业其他课程的学习，基本达到中级测量放线工的技术要求。

中级测量放线工培训的目的，是按照住房和城乡建设部"中级测量放线工职业技能岗位标准（中级）"的要求，加强建筑工程测量知识与技能的学习，进一步掌握现代测量方法，满足较复杂建筑工程对测量能力的要求，并使学生通过由建设职业技能鉴定机构组织的"中级测量放线工"理论考核和操作考核，获得住房与城乡建设行业"中级测量放线工"岗位证书。

培训内容分两个方面，一是测量知识学习，二是操作技能实训，分别与"中级测量放线工"的理论考核和操作考核对应。本实训教材的配套教材《建筑工程测量》基本涵盖了中级测量放线工理论考核的专业知识；本实训教材的第一部分和第二部分，则基本涵盖了中级测量放线工操作技能考核的内容，两者结合可作为中级测量放线工培训的辅助资料。

为了使读者更好地了解中级测量放线工职业技能岗位的具体要求，这里列出我国住房和城乡建设部颁发的与中级测量放线工相关的"中级测量放线工职业技能岗位标准""中级测量放线工职业技能鉴定规范"和"中级测量放线工职业技能鉴定试题范例及其解答"。各地建设技能鉴定部门的具体要求和考核内容会有所不同，本教材的资料仅供学习参考。

一、中级测量放线工职业技能岗位标准

1. 知识要求（应知）

1）制图的基本知识，看懂并审校较复杂的施工总平面图和有关测量放线施工图的关系及尺寸，大比例尺工程地形图的判读及应用。

2）测量内业计算的数学知识和函数型计算器的使用知识，对平面为多边形、圆弧形的复杂建（构）筑物四廓尺寸交圈进行校算，对平、立、剖面有关尺寸进行核对。

3）熟悉一般建筑结构、装修施工的程序、特点及对测量、放线工作的要求。

4）场地建筑坐标系与测量坐标系的换算、导线闭合差的计算及调整、直角坐标及极坐标的换算、角度交会法与距离交会法定位的计算。

5）钢尺测量、测设水平距离中的尺长、温度、拉力、垂曲和倾斜的改正计算，视距测法和计算。

6）普通水准仪的基本构造、轴线关系、检校原理和步骤。

7）水平角与垂直角的测量原理，普通经纬仪的基本构造、轴线关系、检校原理和步骤，测角、设角和记录。

8）光电测距和激光仪器在建筑施工测量中的一般应用。

9）测量误差的来源、分类及性质，施工测量的各种限差，施测中对量距、水准、测角的精度要求，以及产生误差的主要原因和消减方法。

10）根据整体工程施工方案，布设场地平面控制网和高程控制网。

11）沉降观测的基本知识和竣工平面图的测绘。

12) 一般工程施工测量放线方案编制知识。

13) 班组管理知识。

2. 操作要求（应会）

1) 熟练掌握普通水准仪和经纬仪的操作、检校。

2) 根据施工需要进行水准点的引测、抄平和皮数杆的绘制，平整场地的施测、土方计算。

3) 经纬仪在两点间投测方向点、直角坐标法、极坐标法和交会法测量或测设点位，以及圆曲线的计算与测设。

4) 根据场地地形图或控制点进行场地布置和地下拆迁物的测定。

5) 核算红线桩坐标与其边长、夹角是否对应，并实地进行校测。

6) 根据红线桩或测量控制点，测设一般工程场地控制网或建筑主轴线。

7) 根据红线桩、场地平面控制网、建筑主轴线或按地物关系进行建筑物定位、放线，以及从基础至各施工层上的弹线。

8) 民用建筑与工业建筑预制构件的吊装测量，多层建筑、高层建筑（构）物的竖向控制及标高传递。

9) 场地内部道路与各种地下、架空管道的定线，纵断面测量和施工中的标高、坡度测设。

10) 根据场地控制网或重新布测图根导线，实测竣工平面图。

11) 用普通水准仪进行沉降观测。

12) 制定一般工程施工测量放线方案，并组织实测。

二、中级测量放线工职业技能鉴定规范

（一）说明

1. 鉴定要求

1) 鉴定试题符合本职业岗位鉴定规范内容。

2) 职业技能鉴定分为理论考试和实际操作考核两部分。

3) 理论部分试题分为：是非题、选择题、计算题和简答题。

4) 考试时间：原则上理论考试时间为2h，实际操作考核为4~6h。两项考试均实行百分制，两项考试成绩均达到60分以上为技能鉴定合格。

2. 申报条件

1) 申请参加初级工岗位鉴定的人员必须具有初中毕业以上文化程度，且从事本岗位工作两年以上。

2) 申请参加中级工岗位鉴定的人员必须具有初级岗位证书，且在初级岗位上工作三年以上。

3) 申请参加高级工岗位鉴定的人员必须具有中级岗位证书，且在中级岗位上工作三年以上。

3. 考评员构成及要求

1) 具有助理级技术职称或本职业中级工以上者。

2) 掌握本职业技能鉴定规范的内容。

3) 理论部分考评员原则上按每15名考生配备一名考评员，即15:1。操作部分考评员

原则上按每 5 名考生配一名，即 5：1。

4. 工具、设备要求

（1）常用测量仪器 水准仪（S_3、S_1）、经纬仪（J_6、J_2）、激光经纬仪、铅直仪、光电测距仪、全站仪。

（2）常用测量放线工具 水准尺、钢尺、尺垫、拉力计、温度计、线坠、小线、墨斗、斧锤、木桩等。

（二）岗位鉴定规范

1. 道德鉴定规范

1）本标准适用于从事土木工程施工的所有初级工、中级工、高级工的道德鉴定。

2）道德鉴定是在企业广泛开展道德教育的基础上，采取笔试或用人单位按实际表现鉴定的形式进行。

3）道德鉴定的内容主要包括：遵守宪法、法律、法规、国家的各项政策和各项技术安全操作规程及本单位的规章制度，树立良好的职业道德和敬业精神以及刻苦钻研技术的精神。

4）道德鉴定由企业负责，考核结果分为优、良、合格、不合格。对笔试考核的，60 分以下的为不合格，60~79 分为合格，80~89 分为良，90 分以上为优。

2. 业绩鉴定规范

1）本标准适用于从事土木工程施工的所有初级工、中级工、高级工的业绩鉴定。

2）业绩鉴定是在加强企业日常管理和工作考核的基础上，针对所完成的工作任务，采取定量为主、定性为辅的形式进行。

3）业绩鉴定的内容主要包括：完成生产任务的数量和质量，解决生产工作中技术业务问题的成果，传授技术、经验的成绩以及安全生产的情况。

4）业绩鉴定由企业负责，考核结果分为优、良、合格、不合格。对定量考核的，60 分以下的为不合格，60~79 分为合格，80~89 分为良，90 分以上为优。

3. 技能鉴定规范的内容

（1）基本知识方面（表 3-1）

表 3-1

项目	鉴定范围	鉴定内容	鉴定比重	备注
知识要求			100%	
基本知识 25%	1. 识图审图 14%	（1）地形图的阅读与应用	2%	熟悉
		（2）对总平面图中，拟建建筑物的平面位置与高程的审核	3%	掌握
		（3）定位轴线的审核	3%	掌握
		（4）建筑平面图、基础图、立面图与剖面图相互关系的审核	4%	熟悉
		（5）标准图的应用	2%	熟悉
	2. 工程构造 5%	（1）日照间距与防火间距	1%	了解
		（2）定位轴线、变形缝与楼梯	4%	了解
	3. 应用数学 6%	（1）平面几何、三角函数计算	3%	掌握
		（2）函数型计算器的使用（包括统计）	3%	掌握

（续）

项目	鉴定范围	鉴定内容	鉴定比重	备注
专业知识 60%	1. 误差概念 5%	（1）中误差、边角精度匹配与点位误差	2%	熟悉
		（2）误差、错误及限差的处理	3%	熟悉
	2. 测量坐标与建筑坐标 4%	（1）两种坐标系的特点	1%	熟悉
		（2）两种坐标系关系的换算	3%	熟悉
	3. ISO 9000 体系 3%	（1）ISO 9000：2000 质量管理体系	1%	了解
		（2）ISO 9000 体系对施工测量管理的基本要求	2%	了解
	4. 《建筑工程施工测量规程》5%	（1）测量放线与验线工作的基本准则	3%	熟悉
		（2）记录、计算的基本要求	2%	熟悉
	5. 水准测量 6%	（1）自动安平水准仪的原理、特点与操作	2%	了解
		（2）水准测量成果校核与调整	2%	熟悉
		（3）S_3 水准仪的检校	2%	熟悉
	6. 角度测量 11%	（1）电子经纬仪的原理、特点与操作	2%	了解
		（2）全圆测回法测水平角	2%	了解
		（3）垂直角测法与三角高程测量	2%	熟悉
		（4）测设直线	2%	熟悉
		（5）经纬仪的检校	3%	熟悉
	7. 光电测距与全站仪 5%	（1）光电测距仪的操作与保养	2%	熟悉
		（2）三角高程测量	1%	了解
		（3）全站仪的构造与操作	2%	熟悉
	8. 垂准仪 2%	（1）激光经纬仪	1%	熟悉
		（2）光学与激光垂准仪	1%	熟悉
	9. 测设工作 4%	（1）点位测设的 4 种方法	2%	熟悉
		（2）圆曲线测设	2%	熟悉
	10. 施工测量前的准备工作 6%	（1）施工测量方案的制定	2%	熟悉
		（2）校核图样	2%	熟悉
		（3）校核红线桩	1%	熟悉
		（4）场地平整	1%	了解
	11. 施工测量 9%	（1）一般场地控制测量	2%	熟悉
		（2）建筑物定位放线	3%	掌握
		（3）竖向控制	2%	熟悉
		（4）沉降观测	1%	了解
		（5）竣工测量	1%	了解
相关知识 15%	1. 安全生产 3%	（1）施工现场中的安全生产	1.5%	了解
		（2）测量人员现场作业时，应采取的人身安全措施	1.5%	掌握
	2. 仪器安全与保养 3%	（1）光电测距仪与全站仪的保养要点	1.5%	掌握
		（2）现场作业中对仪器安全的措施	1.5%	掌握
	3. 班组管理 9%	（1）班组管理工作	6%	熟悉
		（2）班组长的职责	3%	熟悉

（2）操作技能方面（表3-2）

表 3-2

项目	鉴定范围	鉴定内容	鉴定比重	备注
操作要求			100%	
操作技能 70%	1. 水准测量 15%	（1）实测600m长的附合路线水准测量，闭合后做成果调整	10%	掌握
		（2）实测200m（20m桩）路线纵断面测量	5%	熟悉
	2. 角度测量 13%	（1）测回法测设水平角	3%	掌握
		（2）全圆测回法测设水平角	2%	熟悉
		（3）测垂直角与前方交会法间接测塔高	5%	熟悉
		（4）在两点间测设直线上的点	3%	熟悉
	3. 经纬仪、钢尺闭合导线测量与红线桩校测 12%	（1）导线外业	2%	熟悉
		（2）导线计算	5%	熟悉
		（3）红线桩校测	5%	熟悉
	4. 光电测距与全站仪 7%	（1）水平视线测距	1%	掌握
		（2）倾斜视线测距	2%	掌握
		（3）全站仪基本操作	4%	熟悉
	5. 测设工作 5%	（1）点位测设的4种方法	2%	熟悉
		（2）圆曲线主点与辅点测设	3%	熟悉
	6. 建筑施工测量 18%	（1）一般场地控制测量	5%	熟悉
		（2）建筑物定位放线与基础放线	6%	掌握
		（3）竖向控制与标高传递	5%	熟悉
		（4）沉降观测	2%	了解
仪器检校 15%	1. 水准仪、经纬仪的检校 10%	（1）S_3 水准仪 i 角检校	4%	掌握
		（2）经纬仪 LL⊥VV、CC⊥HH、HH⊥VV 检校	6%	熟悉
	2. 光电测距仪与全站仪的保养 5%	（1）光电测距仪的保养	3%	熟悉
		（2）全站仪的保养	2%	了解
安全生产与文明施工 15%	1. 安全生产 6%	（1）安全施工的一般规定	3%	熟悉
		（2）安全作业的一般规定	3%	熟悉
	2. 防止事故的具体措施 6%	（1）防止机械伤人与触电措施	2%	熟悉
		（2）防止高处坠落与登高作业的具体安全措施	4%	熟悉
	3. 文明施工 3%	制定对文明施工的具体措施	3%	熟悉

（三）技能鉴定理论测试题范例（共 100 分）

1. 是非题（对的画"√"、错的画"×"，每题 1 分，共 20 分）

1）施工测量放线人员应对总平面图的平面设计尺寸与设计高程进行严格的审核，发现尺寸或高程不交圈、不合理等错误，应自行改正，再去放线。 （　　）

2）定位轴线图的审核原则之一是：先审定基本依据数据（或起始数据），正确无误后，再校核推导数据。 （　　）

3）在地形图上，人眼直接在图上能分辨出的最小长度为 0.2mm。因此，地形图上 0.2mm 所代表的实地水平距离叫比例尺精度。 （　　）

4）地形图上 0.5mm 所表示的实地水平距离叫测图精度。 （　　）

5）地形图上表示各种地物的符号叫地物符号，它分为①依比例尺绘制的符号，如房屋；②不依比例尺绘制的符号，如电线杆；③线形符号，如铁路；④注记符号 4 类。

（　　）

6）地形图上用等高线表示地貌，相邻两条等高线间的高差叫平距。 （　　）

7）已知 AB 两点间的 $\Delta x_{AB} = -167.608$m，$\Delta y_{AB} = 47.713$m、则 AB 两点间距离 $D_{AB} = 174.267$m、方位角 $\alpha_{AB} = -15°53'24''$。 （　　）

8）根据计量法实施细则规定，只要从正规商店中购买的有出厂合格证的经纬仪、水准仪和钢尺，都可以在施工现场合法使用。 （　　）

9）将微倾水准仪安置在 A、B 两点间的等远处，A 尺读数 $a_1 = 1.644$m，B 尺读数 $b_1 = 1.633$m，仪器移至 A 点近旁，尺读数分别为 $a_2 = 1.533$m、$b_2 = 1.544$m，则 LL∥CC。

（　　）

10）自动安平水准仪设置了自动补偿器。当望远镜水平视线有微量倾斜时，补偿器能自动迅速地使视线水平。因此，在使用自动安平水准仪时，是否整平圆水准器无关紧要。

（　　）

11）全站仪、电子经纬仪的竖盘指标是自动补偿的，测量垂直角时，只要摆好仪器并初始化后，照准观测目标，则竖盘读数窗即显示目标的竖盘读数。 （　　）

12）用经纬仪测水平角时，要用十字纵线对准目标；测垂直角时，要用十字横线对准目标。 （　　）

13）视距法测量距离的精度约在 1/300 左右，多用于地形测图，也可用于施工放线或验线。 （　　）

14）中误差是衡量观测值精度的标准之一，中误差绝对值大表示观测精度较好，中误差绝对值小表示观测精度较差。 （　　）

15）全站仪的主机是一种光、机、电、算、储存一体化的高科技全能测量仪器。直接测出水平角、垂直角及倾斜距离是全站仪的基本功能。 （　　）

16）常用的计算校核方法有 5 种：①总和校核，②复算校核，③几何条件校核，④变换算法校核，⑤概略估算校核。 （　　）

17）常用的测量校核方法有 4 种：①闭合校核，②复测校核，③几何条件校核，④概略估测校核。 （　　）

18) 一般场地平整的原则是：①满足地面自然排水，②土方平衡，③工程量最小。

                          （ ）

19) 为了保证沉降观测的精度，观测中应采取三固定的做法，即①观测人固定，②记录人固定，③立尺人固定。   （ ）

20) 把好质量关、做到测量班组所交出的测量成果正确、精度合格，这是测量班组管理工作的核心。为此在作业中必须坚持测量、计算工作步步有校核的工作方法，才能保证测量成果的正确性。   （ ）

2. 选择题（把正确答案的序号填在各题横线上，每题1分，共20分）

1) 地面上两点连线、测站点至两观测目标点连线的夹角，在_____上投影才能分别得到水平距离与水平角。

 A. 水准面   B. 水平面

 C. 大地水准面   D. 地球椭球面

2) 水准测量计算校核公式 $\sum h = \sum a - \sum b$ 和 $\sum h = H_终 - H_始$ 可分别校核_____是否有误。

 A. 水准点高程、水准尺读数   B. 水准点位置、水准记录

 C. 高程计算、高差计算   D. 高差计算、高程计算

3) 水准闭合差调整是对实测高差进行改正，具体改正方法是将高差闭合差按与测站数成_____关系求得高差改正数。

 A. 正比例并同号   B. 反比例并反号

 C. 正比例并反号   D. 反比例并同号

4) 自 BMA（$H_A = 49.053\text{m}$）经 8 个站测至待定点 P，得 $h_{AP} = +1.021\text{m}$。再由 P 点经 9 站测至另一 BMD（$H_D = 54.171\text{m}$），得 $h_{PD} = 4.080\text{m}$。则平差后的 P 点高程为_____。

 A. 50.066m   B. 50.082m

 C. 50.084m   D. 50.074m

5) 一般水准测量中，在一个测站上均先测读后视读数、后测读前视读数，这样仪器下沉与转点下沉所产生的误差，将使测得的终点高程中存在_____。

 A. "+"号与"-"号抵消性误差   B. "+"号累积性误差

 C. "-"号与"+"号抵消性误差   D. "-"号累积性误差

6) 检验经纬仪照准部水准管垂直竖轴，当气泡居中后，平转180°时，气泡若偏离，此时用拨针校正水准管校正螺钉，使气泡退回偏离值的_____，以达到校正目的。

 A. 1/4   B. 1/2

 C. 全部   D. 2倍

7) 经纬仪观测中，取盘左、盘右平均值是为了消除_____的误差影响。

 A. 视准轴不垂直横轴   B. 横轴不垂直竖轴

 C. 度盘偏心   D. A+B+C

8) 用光学经纬仪顺时针观测水平角中，盘左后视方向 OA 的水平度盘读数 $359°42'15''$，前视方向 OB 的读数为 $154°36'04''$，则 $\angle AOB$ 前半测回值为_____。

 A. $154°36'04''$ B. $-154°36'04''$

 C. $154°53'49''$ D. $-154°53'49''$

9）全圆测回法（方向观测法）观测中应顾及的限差有_____。

A. 半测回归零差 B. 同一方向值各测回互差

C. 2 倍照准差（2c） D. A+B+C

10）视距测量时，经纬仪安置在高程 62.381m 的 A 点上，仪器高 $i=1.401$m，下、中、上三丝读得立于 B 点的尺读数分别为 1.020m、1.401m 与 1.783m，测得垂直角 $\alpha=-3\degree12'10''$，则 AB 的水平距离 D_{AB} 与 B 点高程 H_B 分别为_____。

A. 76.06m、58.125m B. 75.96m、66.637m

C. 76.08m、58.125m D. 76.08m、66.637m

11）某全站仪其测距标称精度为 ±（3mm+2×10^{-6}D），使用该仪器测量 1000m 与 100m 距离，如不考虑其他因素影响，则产生的测距中误差分别为_____。

A. 5mm、3.2mm B. ±5mm、±3.2mm

C. 23mm、5mm D. ±23mm、±5mm

12）三角高程测量中，高差计算公式 $h=D \cdot \tan\alpha+i-v$，式中 i 与 v 分别是_____。

A. 仪器高、十字中线读数 B. 仪器高、视距段

C. 初算高差、十字中线读数 D. 视距段、仪器高

13）测得两个边长 D_1、D_2 与两个角度 $\angle A$、$\angle B$ 及其中误差为：$D_1=23.076$m±12mm、$D_2=115.386$m±12mm，$\angle A=23\degree07'06''±12''$，$\angle B=115\degree38'36''±12''$。据此进行精度比较，得_____。

A. 两边等精度、两角等精度 B. D_2 精度高于 D_1、两角等精度

C. D_2 精度高于 D_1、$\angle B$ 精度高于 $\angle A$ D. 两边等精度、$\angle B$ 精度高于 $\angle A$

14）实测得五边形导线内角和 $\sum\beta_{测}=539\degree59'25''$，则内角闭合差和每个角度的改正数分别为_____。

A. 35''、7'' B. −35''、+7''

C. −35''、−7'' D. +35''、−7''

15）实测得闭合导线全长 $\sum D=876.302$m，$\sum\Delta Y=0.033$m，$\sum\Delta X=-0.044$m，则导线闭合差 f、导线精度 k 分别为_____。

A. 0.077m、1/11300 B. −0.011m、1/79600

C. 0.055m、1/16000 D. 0.055m、1/15900

16）水准尺未立直，将使水准读数_____。

A. 变小 B. 变大

C. 不变 D. 随机变

17）经纬仪安置在 O 点，后视 200m 边长的 A 点，以 ±20'' 的设角精度，测设 90\degree00'00''，并在此方向上以 1/10000 精度测设 80.000m 定出 B 点，则 B 点的横向误差、纵向误差与点位误差分别为_____。

A. 8mm、8mm、16mm B. ±8mm、±8mm、±11.3mm

C. 8mm、10mm、12.8mm D. ±10mm、±10mm、±14.1mm

18）已知 BM7 的高程为 49.651m、P 点的设计高程 50.921m，当用水准仪读得 BM7 点的后视读数为 1.561m、P 点上读数为 0.394m，则 P 点处填挖高度为_____。

A. 挖 0.103m B. 不填不挖

C. 填 0.103m D. 填 1.270m

19) 极坐标法测设点位的适用条件是：_____。

A. 矩形建筑物，且与定位依据平行或垂直

B. 距离长、地形复杂、不易量距

C. 各种形状的建筑物定位、放线均可

D. 场地平坦、易于量距，且距离小于一尺段长

20) 住房和城乡建设部职工职业道德规范为：爱岗敬业、诚实守法、办事公道、服务群众、_____。

A. 奉献人民 B. 奉献社会

C. 建设祖国 D. 奋发图强

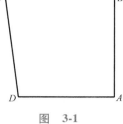

图 3-1

3. 计算题（每题10分，共30分）

1) 如图 3-1 所示为某工地红线桩 *ABCD*，其城市测量坐标见表 3-3，*A* 在建筑坐标系中的坐标 *A* = 500.000m，*B* = 2000.000m，*B* 在建筑坐标系中的坐标 *A* = 716.836m，*B* = 2000.000m，*AB* 方位角 α_{AB} = 0°00′00″。在表中计算 *CD* 在建筑坐标系中的坐标。

表 3-3　城市测量坐标（*x，y*）和建筑坐标（*A，B*）的换算表

点号	城市测量坐标（*x，y*）		
	x	*y*	换算参数计算
A	(4615.726)	(6215.931)	建筑坐标系纵轴的坐标方位角：
B	(4832.494)	(6210.497)	
C	(4826.916)	(5989.567)	建筑坐标系原点 *O′* 的测量坐标：
D	(4610.285)	(5998.883)	

点号	建筑场地坐标（*A，B*）			
	($\Delta x_{o'i}$)	($\Delta y_{o'i}$)	*A*	*B*
C				
D				

2) 如图 3-2 所示，已知 JD 的里程桩号为 K2+996.647，$\alpha_{右}$ = 36°36′30″，*R* = 200.000m，计算圆曲线要素及主点里程桩号，并做计算校核。

图 3-2

3) 计算表 3-4 中闭合导线（$f_{\beta允} \leq \pm24″\sqrt{n}$，$k_允 \leq 1/5000$）。

表 3-4　闭合导线计算表

测站	左角β		方位角 α	边长 D	纵坐标增量 Δx	纵坐标 x	横坐标增量 Δy	横坐标 y
	观测值	调整值						
1	2	3	4	5	6	7	8	9
1			38°37′12″	142.256		1000.000		5000.000
2	122°46′18″			118.736				
3	102°17′48″			233.984				
4	104°44′12″			183.201				
5	88°11′24″			209.232				
1	123°59′52″							
2								
Σ				$\sum D=$	$f_x=$		$f_y=$	

闭合差和精度	$f_{\beta测}=\sum \beta_{测}-\sum \beta_{理}=$	$f=\sqrt{f_x^2+f_y^2}=$
	$f_{\beta允}=\pm24″\sqrt{n}=$	$k_允=\dfrac{1}{\sum D}=$

4. 简答题（每题 5 分，共 30 分）

1）全站仪的基本构造和施测要点是什么？

2）如图 3-3 所示，A、B、C 为红线桩，A 与 B、B 与 C 均互相通视且可测量，$\angle ABC=60°$。$MNPQ$ 为拟建建筑物的外廓，定位条件为 $MN/\!/BA$，Q' 点正在 BC 线上，简述以 BA 为极轴的直角坐标法的定位步骤。

3）图 3-4 为圆曲线，$R=60\text{m}$，$\alpha=41°22′00″$，现欲在圆弧上设 4 个等分点①、②、③、④。在 ZY 点安置经纬仪用偏角法测设，请计算所需测设数据偏角和弦长，填入表 3-5，并说明如何测设。

图　3-3

图　3-4

表 3-5 偏角法测设点位计算表

测站点	测设点	偏角 φ	弦长 d	间距 D
ZY	JD	(0°00′00″)	(后视)	
	①			
	②			
	③			
	④			
	YZ			

4) 施工测量放线方案应包括哪些主要内容?

5) 在建筑物定位中, 在以下 3 种情况下, 应如何选择定位条件。

① 当以城市测量控制点或场区控制网定位时, 应选择＿＿＿＿＿＿＿＿＿＿＿＿＿＿＿＿＿。

② 当以建筑红线定位时, 应选择＿＿＿＿＿＿＿＿＿＿＿＿＿＿＿＿＿＿＿＿＿＿＿＿。

③ 当以原有建 (构) 筑物或道路中心线定位时, 应选择＿＿＿＿＿＿＿＿＿＿＿＿＿＿。

6) 在多层和高层建筑施工中, 用经纬仪外控法投测轴线时, 控制竖向有哪 3 种测法? 施测中应特别注意哪 3 点?

(四) 技能鉴定实际操作测试题范例 (共 100 分)

试卷: 仪器操作与建筑工程放线、抄平

考核项目与评分标准

序号	考核项目	检查方法	允许偏差	评分标准	满分	测数	得分
1	检校 S_3 水准仪 i 角	等距离测高差 2 次	±3mm/80m	2 次测高差操作正确 3 分 2 次测高差之差小于 3mm 2 分 校正操作正确 5 分	10	2	
2	水准仪测 200m (20m 桩) 纵断面、附合校核	闭合差校对	小于±10mm	每站高差与已知高差之差小于±6mm 4 分 闭合差小于±10mm 给 4 分 闭合差大于±10mm 扣 4 分 闭合差合格后, 调整计算与中间点计算均正确给 4 分	12	1	
3	检验经纬仪 LL⊥VV CC⊥HH HH⊥VV	两次观测相比较	操作正确	LL⊥VV 检验 2 分 CC⊥HH 检验 2 分 HH⊥VV 检验 2 分	6	1	

（续）

序号	考核项目	检查方法	允许偏差	评分标准	满分	测数	得分
4	测回法测量水平角与测设水平角	测角与设角之值应相等	小于±30″	测回法前后半测回差小于±40″　6分 测回法设角操作正确　6分	12	2	
5	测垂直角与前方交会法间接测塔高	两站所测高程相比较	小于±10mm	两站所测得塔尖高程之差小于±10mm　14分	14	2	
6	全站仪测距与高差	往返测	距离小于±10mm，高差小于±10mm	测距合格　3分 测高差合格　3分	6	2	
7	经纬仪钢尺测五边形闭合导线	闭合校核	±24″$\sqrt{5}$ 1/5000	角度闭合差合格　6分 导线边长精度合格　6分	12	5	
8	测设圆曲线	几何条件校核	1/5000	测设主点合格　4分 测设辅点合格　4分	8	1	
9	建筑物定位放线与验线	实量边长与对角线	边长±5mm，对角线±7mm	用经纬仪、钢尺定位放线 12m×30m 建筑物合格10分，用经纬仪、钢尺验线合格　10分	20	1	

附：中级测量放线工技能鉴定理论测试题范例参考答案

1. 是非题（对的画"√"，错的画"×"，每题1分，共20分）

1）×　2）√　3）×　4）×　5）√　6）×　7）×　8）×　9）×　10）×　11）×　12）√　13）×　14）×　15）√　16）√　17）√　18）√　19）×　20）√

2. 选择题（把正确答案的序号填在各题横线上，每题1分，共20分）

1）B　2）D　3）C　4）B　5）B　6）B　7）D　8）C　9）D　10）A　11）B　12）A　13）B　14）B　15）D　16）B　17）B　18）C　19）C　20）B

3. 计算题（每题10分，共30分）

1）解：

换算参数计算：

$$\alpha = \arctan\frac{y_2 - y_1}{x_2 - x_1} - \arctan\frac{B_2 - B_1}{A_2 - A_1} = \arctan\frac{6210.497 - 6215.931}{4832.494 - 4615.726} - 0 = 358°33'50''$$

$$x_{o'} = x_2 - A_2 \times \cos\alpha + B_2 \times \sin\alpha$$

$$= 4832.494 - 716.836 \times \cos358°33'50'' + 2000.000 \times \sin358°33'50'' = 4065.758\text{m}$$

$$y_{o'} = y_2 - A_2 \times \sin\alpha - B_2 \times \cos\alpha$$

$$= 6210.497 - 716.836 \times \sin358°33'50'' - 2000.000 \times \cos358°33'50'' = 4229.090\text{m}$$

建筑场地坐标（A，B）换算

换算公式：

$$A_P = (x_P - x_{o'}) \times \cos\alpha + (y_P - y_{o'}) \times \sin\alpha$$

$$B_P = -(x_P - x_{o'}) \times \sin\alpha + (y_P - y_{o'}) \times \cos\alpha$$

C 点坐标：

$$A_C = 761.158 \times \cos358°33'50'' + 1760.477 \times \sin358°33'50'' = 716.797\text{m}$$

$$B_C = -761.158 \times \sin358°33'50'' + 1760.477 \times \cos358°33'50'' = 1779.000\text{m}$$

D 点坐标：

$$A_D = 544.527 \times \cos358°33'50'' + 1769.793 \times \sin358°33'50'' = 500.000\text{m}$$

$$B_D = -544.527 \times \sin358°33'50'' + 1769.793 \times \cos358°33'50'' = 1782.884\text{m}$$

表3-6　城市测量坐标（x，y）和建筑坐标（A，B）的换算表

点号	城市测量坐标（x，y）		
	x	y	换算参数计算
A	(4615.726)	(6215.931)	建筑坐标系纵轴的坐标方位角：
B	(4832.494)	(6210.497)	$\alpha = 358°33'50''$
C	(4826.916)	(5989.567)	建筑坐标系原点 O' 的测量坐标：
D	(4610.285)	(5998.883)	$x_{o'} = 4065.758$　　$y_{o'} = 4229.090$
点号	建筑场地坐标（A，B）			
	（$\Delta x_{o'i}$）	（$\Delta y_{o'i}$）	A	B
C	761.158	1760.477	716.797	1779.000
D	544.527	1769.793	500.000	1782.884

2）解：

曲线测设元素计算

$$\text{切线长}\quad T = 200\tan(36°36'30''/2)\text{m} = 66.160\text{m}$$

$$\text{曲线长}\quad L = 200 \times 36°36'30'' \times \frac{\pi}{180}\text{m} = 127.787\text{m}$$

$$\text{外距长}\quad E = 200[\sec(36°36'30''/2) - 1]\text{m} = 10.659\text{m}$$

$$\text{切曲差}\quad D = (2 \times 66.160 - 127.787)\text{m} = 4.533\text{m}$$

主点里程计算

$$\text{ZY 里程} = (K2+996.647 - 66.160)\text{m} = (K2+930.487)\text{m}$$

$$\text{QZ 里程} = (K2+930.487 + 127.787/2)\text{m} = (K2+994.381)\text{m}$$

$$\text{YZ 里程} = (K2+994.381 + 127.787/2)\text{m} = (K3+58.274)\text{m}$$

桩号检核计算：

$$\text{JD 里程} = (K3+58.274 - 66.160 + 4.533)\text{m} = (K2+996.647)\text{m}$$

与交点原来里程相等，证明计算正确。

3）解：

表 3-7 闭合导线计算表

测站	左角 β		方位角 α	边长 D	纵坐标增量 Δx	纵坐标 x	横坐标增量 Δy	横坐标 y
	观测值	调整值						
1	2	3	4	5	6	7	8	9
1			38°37′12″	142.256	+0.018 111.145	1000.000	−0.005 88.789	5000.000
2	+5″ 122°46′18″	122°46′23″	341°23′35″	118.736	+0.015 112.530	1111.163	−0.004 −37.886	5088.784
3	+6″ 102°17′48″	102°17′54″	263°41′29″	233.984	+0.030 −25.711	1223.708	−0.008 −232.567	5060.894
4	+5″ 104°44′12″	104°44′17″	188°25′46″	183.201	+0.024 −181.222	1198.027	−0.007 −26.856	4818.319
5	+5″ 88°11′24″	88°11′29″	94°37′15″	209.232	+0.027 −16.856	1016.829	−0.008 208.552	4791.456
1	+5″ 123°59′52″	123°59′57″	38°37′12″			1000.000		5000.000
2								
Σ	539°59′34″	540°00′00″		ΣD = 887.409	$f_x = -0.114$		$f_y = 0.032$	

闭合差和精度

$$f_{\beta测} = \sum\beta_测 - \sum\beta_理 = 539°59′34″ - 540°00′00″ = -26″$$

$$f_{\beta允} = \pm24″\sqrt{n} = \pm24″\sqrt{5} = \pm54″$$

$$f = \sqrt{f_x^2 + f_y^2} = \sqrt{0.032^2 + (-0.114)^2} = 0.118$$

$$k = \frac{f}{\sum D} = \frac{0.118}{887.409} = \frac{1}{7500}$$

4. 简答题（每题 5 分，共 30 分）

1）答：

① 全站仪由测距、测角和数据处理三部分构成。其中测距部分由发射、接收与照准光轴系统的望远镜完成；测角部分由电子测角系统完成；数据处理部分的硬件和软件可完成各种测量控制、计算、数据储存和传输。

② 全站仪施测的要点是：使用前一定要认真阅读仪器使用说明书，以全面了解仪器的构造和用法；仪器与棱镜要配套；开机自检后，要输入棱镜常数、温度及气压等参数；正确选定测距单位、小数位数、测角单位及测角模式（右角）；仪器镜头不能对向强光源，视线上只能有一个棱镜；仪器安置后，一定要有专人看护，阳光下要打伞。

2）答：

① 计算：$BM' = 8m + (2+14) \ m/\tan60° = 17.238m$

红线桩对角线长度 $= \sqrt{14^2 + 30^2} \ m = 33.106m$

② 测设：将经纬仪安置在 B 点，对中整平，后视 A 点，在 BA 方向上量 $BM' = 17.238m$ 和 $M'N' = 30m$，分别定出 M' 和 N' 点。将经纬仪分别安置在 M' 和 N' 点，分别后视 A 点和 B 点，转 $90°$ 角后在其方向线上量 2m 和 14m，在地面定出 M、Q 和 N、P 点。

③ 检核：实量 *MQNP* 的各边，两对边应相等并与设计值一致，两对角线应为 33.106m。

3）答：

① 计算：由于①、②、③、④是总弧长的五等分点，各等弧长所对应的弦切角为 $41°22'00''/10 = 4°08'12''$，各等弧长所对应的弦长为 $2×60m×\sin4°08'12'' = 8.656m$。ZY 点至①、②、③、④、YZ 的偏角和弦长计算结果见下表：

表 3-8 偏角法点位测设表

测站点	测设点	偏角 φ	弦长 d	间距 D
ZY	JD	（0°00′00″）	（后视）	
				8.656
	①	4°08′12″	8.656	
				8.656
	②	8°16′24″	17.267	
				8.656
	③	12°24′36″	25.789	
				8.656
	④	16°32′48″	34.176	
				8.656
	YZ	20°41′00″	42.384	

② 测设：将经纬仪安置在 ZY 点上，对中整平，后视 JD 并调水平度盘读数为 0°00′00″，按表中所列的偏角测设角度，并按相应的弦长测设距离，打桩定点，即可得到①、②、③、④、YZ 点。用钢尺依次丈量两点之间的间距做检核。

4）答：

施工测量方案是全面指导施工测量工作的依据，应包括以下主要内容：

① 工程概况，主要针对有关测量方面的情况。

② 工程设计与施工对施工测量的基本要求。

③ 场地准备测量。

④ 测量起始依据的校测。

⑤ 场地控制网测设。

⑥ 建筑物定位放线与基础施工测量。

⑦ ±0 标高以上施工测量。

⑧ 特殊工程施工测量。

⑨ 室内外装饰与安装测量。

⑩ 变形观测与竣工测量。

⑪ 验线工作。

⑫ 施工测量工作的组织与管理。

5）答：

① 当以城市测量控制点或场区控制网定位时，应选择精度较高的点位和方向为依据。

② 当以建筑红线定位时，应选择沿主要街道的红线为依据。

③ 当以原有建（构）筑物或道路中心线定位时，应选择外廓规整的永久性建（构）筑物为依据。

6）答：

① 在多层和高层建筑施工测量中，用经纬仪外控法控制竖向时的 3 种测法分别是：延长轴线法、平行借线法和正倒镜挑直法。

② 施测中应特别注意的 3 点：一是严格校正好仪器和严格整平照准部水准管；二是以首层轴线为准，直接向各施工层投测；三是取盘左、盘右的平均位置，以做校核并抵消视准轴不垂直于横轴及横轴不垂直于竖轴的误差。

附　表

日期：_____　班别：_____　组别：_____　姓名：_____　学号：_____

---

1. 请标出图中引线所指的自动安平水准仪部件名称

DSZ2

---

2. 请标出图中所示基座脚螺旋的旋转方向，使水准仪粗略整平

③　　　　　　　　　　　　　③

①　　　　②　　　　　　　①　　　　②

---

3. 请标出图中所示水准尺的中丝读数

---

4. 观测两个点的水准尺，读数，记录，计算高差和高程（请自行假定后视点高程）　　　　（单位：m）

测站	测点	后视读数	前视读数	高差	高程	备注

附表 2-1　水准测量记录手簿

日期：_____　班别：_____　组别：_____　姓名：_____　学号：_____

测站	点名	后视读数 /m	前视读数 /m	高差 /m	高程 /m	备注
计算检核						
成果检核	高差闭合差：$f_h = \sum h =$　　　m 闭合差允许值：$f_{h允} = \pm 12\sqrt{n} = \pm$　　　mm　成果：					

附表 2-2　水准测量成果计算表

日　期：＿＿＿＿＿＿　班别：＿＿＿＿＿＿　组别：＿＿＿＿＿＿　姓名：＿＿＿＿＿＿　学号：＿＿＿＿＿

测段编号	点　名	测站数	观测高差/m	改正数/m	改正后高差/m	高　程/m	备　注
成果检核							

附表3　　水准仪的检验与校正记录表

日期：_____　班别：_____　组别：_____　姓名：_____　学号：_____

检验项目	检验与校正经过	
	略图	观测数据及说明
1. 圆水准器轴平行于竖轴	绘出圆水准器气泡位置示意图	检验： 调整圆水准器气泡居中，照准部旋转180°后，气泡偏离中心_____mm。 校正：
2. 横丝垂直于竖轴	绘出十字丝横丝与点的关系图	检验： 横丝一端照准一个点，转动水平微动螺旋，使点移动到横丝的另一端，点偏离横丝_____mm 校正：
3. 视准轴 i 角误差	绘出仪器与标尺的位置视线关系图	$a_1 =$　　　　　　　$b_1 =$ $h_1 = a_1 - b_1 =$
		$b_2 =$ $a_2 = b_2 + h_1 =$
		$a_2' =$ $i = \dfrac{a_2 - a_2'}{D_{AB}} \cdot \rho'' =$

附表4 数字水准仪使用练习记录表

日期：_____ 班别：_____ 组别：_____ 姓名：_____ 学号：_____

1. 请标出图中引线所指的数字水准仪部件名称

2. 在下图数字水准仪的显示屏中，分别绘出观测后尺和前尺时的内容

3. 照准后、前水准尺，分别读数，记录，计算高差，重新安置仪器再次观测（单位：m）

测站	测点	后视读数	前视读数	高差	平均高差	高差误差

附表 5　电子经纬仪认识与使用练习

日期：_____　班别：_____　组别：_____　姓名：_____　学号：_____

---

1. 请标出图中引线所指的经纬仪部件名称

---

2. 请在图中显示屏内绘出你所看到的内容，并写出其所表示的读数

水平度盘读数：
_____

竖直度盘读数：
_____

---

3. 观测两个方向构成的水平角，读数，记录，计算

测站	竖盘位置	目标	水平度盘读数 /(° ′ ″)	半测回角值 /(° ′ ″)	一测回角值 /(° ′ ″)	备注

附表6 水平角观测手簿

日期：_____ 班别：_____ 组别：_____ 姓名：_____ 学号：_____

测站	竖盘位置	目标	水平度盘读数 /(° ′ ″)	半测回角值 /(° ′ ″)	一测回角值 /(° ′ ″)	备注
检核	观测角度总和： 角度误差：		理论角度总和： 角度允许差：			

附表 7　垂直角观测手簿

日期：_____　班别：_____　组别：_____　姓名：_____　学号：_____

测站	目标	竖盘位置	竖盘读数 /(° ′ ″)	半测回垂直角 /(° ′ ″)	指标差 /(″)	一测回垂直角 /(° ′ ″)	备注
检核	最大指标差： 指标差互差最大值：			最小指标差： 指标差互差允许值：			

附表 8　电子经纬仪检验与校正记录表

日期：_____班别：_____组别：_____姓名：_____学号：_____

检验项目	检验和校正经过	
	略图	观测数据及说明
1. 水准管轴垂直于竖轴	绘出水准管气泡位置示意图	检验： 　调整水准管气泡居中，照准部旋转 180°后，气泡偏离_____格。 校正：
2. 竖丝垂直于横轴	绘出十字丝竖丝与点的关系图	检验： 　竖丝一端照准一个点，转动垂直微动螺旋，使点移动到竖丝的另一端，点偏离竖丝_____mm 校正：
3. 视准轴垂直于横轴	绘出视准轴与横轴的关系图	检验： 　A 点盘左读数 $L=$_____ 　A 点盘右读数 $R=$_____ 　两倍照准差 $2C = L - (R \pm 180°) =$_____ 校正：
4. 横轴垂直于竖轴	绘出高点与低点的示意图	检验： 　盘左盘右分别照准高处 P 点，放平望远镜在墙上定出两点的距离_____mm 校正：
5. 竖盘指标差	如有校正，绘出显示屏内容	检验： 　盘左、盘右照准同一个点，竖直度盘读数 　盘左读数 $L=$_____ 　盘右读数 $R=$_____ 　竖盘指标 $x = \dfrac{1}{2}(L + R - 360°) =$_____ 校正：

附表 9-1　钢尺量距记录表

日期：_____　班别：_____　组别：_____　姓名：_____　学号：_____

测边编号	往返测	第1段/m	第2段/m	第3段/m	第4段/m	测边总长/m	往返平均/m	往返误差/m	相对精度(1/××××)
	往测								
	返测								
	往测								
	返测								
	往测								
	返测								
	往测								
	返测								

附表 9-2　视距测量记录表

日期：_____　班别：_____　组别：_____　姓名：_____　学号：_____
测站高程：_____　仪器高：_____

点号	上丝读数/m 下丝读数/m	视距/m	中线读数/m	竖盘读数/(° ′ ″)	垂直角/(° ′ ″)	水平距离/m	高差/m	高程/m
检核	同一点两次视距测量水平距离的误差：_____ m 同一点两次视距测量高程的误差：_____ m							

附表 10 全站仪使用与距离测量记录表

日期：_____ 班别：_____ 组别：_____ 姓名：_____ 学号：_____

温度：_____ 气压：_____ 棱镜常数：_____

点号	平距/m	斜距/m	高差/m	备注

附表 11 全站仪坐标测量记录表

日期：_____ 班别：_____ 组别：_____ 姓名：_____ 学号：_____

测站点：点号_____ X 坐标_____ Y 坐标_____ 高程_____ 仪器高_____

定向点：点号_____ X 坐标_____ Y 坐标_____ 高程_____ 棱镜高_____

点号	棱镜高	N 坐标 X/m	E 坐标 Y/m	Z 高程 H/m	备注

附表 12-1　导线测量记录表

日期：_____　班别：_____　组别：_____　姓名：_____　学号：_____

测站	竖盘位置	目标	水平度盘读数 /(°　′　″)	半测回角值 /(°　′　″)	一测回角值 /(°　′　″)	水平距离 /m
示意图	上北下南，绘导线并标出点号					

附表 12-2 导线计算表

日期：＿＿＿＿ 班别：＿＿＿＿ 组别：＿＿＿＿ 姓名：＿＿＿＿ 学号：＿＿＿＿

点号	观测角 /(°′″)	改正数 /(″)	改正后角 /(°′″)	方位角 /(°′″)	距离 D/m	纵坐标增量 Δx/m			横坐标增量 Δy/m			坐标值/m		点号
						计算值	改正数	改正后	计算值	改正数	改正后	x/m	y/m	
1	2	3	4	5	6	7	8	9	10	11	12	13	14	15

示意图

辅助计算

附表 13　GNSS RTK 测量实训记录表

日期：_____　班别：_____　组别：_____　姓名：_____　学号：_____

1. 新建项目

项目名称：_____

本地位置：经度：_____　纬度：_____

投影分带：经度差：_____投影带号：_____中央子午线经度：_____

2. 转换参数解算

点名	已知平面坐标和高程			实测地心坐标	
	x/m	y/m	H/m		

解算得到的转换参数：

3. 坐标测量记录

点号	N 坐标 X/m	E 坐标 Y/m	Z 高程 H/m	备注	点位示意图

附表 14 全站仪测图记录表

日期：_____ 班别：_____ 组别：_____ 姓名：_____ 学号：_____

测站点号：_____ 后视点号：_____ 测站高程：_____ 仪器高：_____

点号	镜高/m	x/m	y/m	H/m	点位说明	草图

附表 15　角度和距离测设检核记录表

日期：＿＿＿＿＿＿　班别：＿＿＿＿＿＿　组别：＿＿＿＿＿＿　姓名：＿＿＿＿＿　学号：＿＿＿＿

项目	设计值	实测值	实测值−设计值	技术要求	示意图
CD				≤±10mm	给建筑示意图并标点号和尺寸
$\angle C$				≤60″	
$\angle D$				≤60″	

附表 16　高程测设计算与检核记录表

日期：＿＿＿＿＿＿　班别：＿＿＿＿＿＿　组别：＿＿＿＿＿＿　姓名：＿＿＿＿＿　学号：＿＿＿＿

已知水准点高程 H_0：＿＿＿＿＿＿＿

点名	设计高程 H /m	后视读数 /m	前视读数 $(H_0+a)-H$ /m	高程检核		备注
				高程误差	高差误差	

附表 17　全站仪极坐标法测设建筑物的计算与检核表

日期：_____　班别：_____　组别：_____　姓名：_____　学号：_____

1. 测设示意图（上北下南，绘出已知点和建筑物的位置关系，标注建筑设计边长）

2. 已知点和待定点坐标、测站至待定点方位角和距离

项目	点名	X /m	Y /m	方位角 α /(°　′　″)	水平距离 D /m	备注
导线 控制点						测站点
						定向点
待测设点						A
						B
						C
						D

3. 测设后检核

四大角与设计值（90°）的偏差为：

$\Delta \angle A =$ 　　　　　$\Delta \angle B =$ 　　　　　$\Delta \angle C =$ 　　　　　$\Delta \angle D =$

要求角度偏差 $\leqslant 60''$

四条主轴线边与设计值的偏差为：

$\Delta D_{AB} =$ 　　　　　$\Delta D_{CD} =$ 　　　　　$\Delta D_{AD} =$ 　　　　　$\Delta D_{BC} =$

要求边长偏差 $\leqslant \pm 10mm$

附表 18 GNSS RTK 测设实训记录表

日期：＿＿＿＿＿＿ 班别：＿＿＿＿＿＿ 组别：＿＿＿＿＿ 姓名：＿＿＿＿＿ 学号：＿＿＿＿

1. 新建项目

项目名称：＿＿＿＿＿＿

本地位置：经度：＿＿＿＿＿＿ 纬度：＿＿＿＿＿＿

投影分带：经度差：＿＿＿＿＿＿ 投影带号：＿＿＿＿＿ 中央子午线经度：＿＿＿＿＿

2. 转换参数解算

点名	已知平面坐标和高程			实测地心坐标		
	x/m	y/m	H/m			

解算得到的转换参数：

3. 测设平面点位设计坐标

点号	N 坐标 X/m	E 坐标 Y/m	检核	点位示意图

4. 测设直线端点设计坐标

点号	N 坐标 X/m	E 坐标 Y/m	检核	点位示意图

附表19 测设建筑标高记录及计算表

日期：_____ 班别：_____ 组别：_____ 姓名：_____ 学号：_____

测设示意图（绘出已知高程点、建筑物、各设计标高、水准仪、标尺和钢尺等关系）

---

1. 测设±0.000m 标高线

已知点高程 H_0 = _____ 后视读数 a = _____ 视线高 $H_i = H_0 + a$ = _____

设计±0.000m 高程 H_P = _____ 前视读数 $b = H_i - H_P$ = _____

---

2. 测设第一层+50cm 标高线

±0.000m 标高线处后视读数 = _____

+50cm 前视读数 = 后视读数−0.5 = _____

---

3. 从第一层+50cm 标高线用钢尺沿墙往上量 h 得楼层外墙标高线，在楼层上复核标高线

第1处钢尺上传标高线后视读数 a_1 = _____

第2处钢尺上传标高线后视读数 a_2 = _____

第3处钢尺上传标高线后视读数 a_3 = _____

平均后视读数 $a_0 = (a_1 + a_2 + a_3)/3$ = _____

---

4. 测设楼层的+50cm 标高线

钢尺竖向量距 h = _____ 楼层相对第一层±0.000m 的标高 H = _____

该楼层+50cm 标高前视读数 $b_0 = h + a_0 - H$ = _____

附表 20　圆曲线测设数据计算表

日期：＿＿＿＿＿＿　班别：＿＿＿＿＿＿　组别：＿＿＿＿＿＿　姓名：＿＿＿＿＿＿　学号：＿＿＿＿

1. 圆曲线示意图

2. 圆曲线已知数据

线路半径 $R=$ ＿＿＿＿＿　偏角 $\alpha=$ ＿＿＿＿＿　交点 2 桩号：＿＿＿＿＿

交点 1 坐标：$X=$ ＿＿＿＿＿　$Y=$ ＿＿＿＿＿　交点 2 坐标：$X=$ ＿＿＿＿＿　$Y=$ ＿＿＿＿＿

3. 圆曲线要素主点桩号

切线长 $T=$ ＿＿＿＿＿　曲线长 $L=$ ＿＿＿＿＿　外矢距 $E=$ ＿＿＿＿＿

主点桩号 ZY：＿＿＿＿＿　QZ：＿＿＿＿＿　YZ：＿＿＿＿＿

4. 曲线主点和细部坐标

ZY 点坐标：$X=$ ＿＿＿＿＿　$Y=$ ＿＿＿＿＿

圆心点坐标：$X=$ ＿＿＿＿＿　$Y=$ ＿＿＿＿＿

圆心至 ZY 点方位角：＿＿＿＿＿

曲线点	桩号	弧长	圆心角	方位角	X/m	Y/m	备注

注：如用计算机或可编程计算器计算，表中"曲线主点和细部坐标"可直接填写各点的桩号和坐标值。

参 考 文 献

[1] 李向民，王伟，蒋霖，等．建筑工程测量［M］．2版．北京：机械工业出版社，2019.

[2] 周建郑，来丽芳，李向民，等．建筑工程测量［M］．北京：中国建筑工业出版社，2004.

[3] 建设部职业技能岗位鉴定指导委员会．测量放线工［M］．北京：中国建筑工业出版社，2004.